U0140072

IN SEARCH OF THE OLD ONES

AN ODYSSEY AMONG ANCIENT TREES

ANTHONY D. FREDERICKS

那些活了很久很久的樹

從種子到古樹，探索自然界長壽之謎的朝聖之旅

安東尼・弗瑞德里克——著
蕭寶森——譯
林哲緯——審訂

早在我們的祖先離開東非大裂谷，散居世界各地之前，
樹木就已經是我們在地球上的夥伴。

目次

CHAPTER 2

長者的國度

元老樹／大盆地刺果松，加州東部

77

腳步留在白山山脈，這次，作者前往海拔較高的舒爾曼樹林和元老樹林，研究大盆地刺果松如何在極端嚴苛的環境生存並維持長長的壽命，同時也探討大盆地刺果松種子的傳播方式、發芽條件，以及與周圍環境和生物之間的相互關係。

CHAPTER 3

迎擊傾斜天際

普羅米修斯／大盆地刺果松，內華達州東部

89

這趟旅程要述說的是個令人遺憾的故事，那是一棵長在內華達州，極其古老，被取名為「普羅米修斯」的大盆地刺果松，一九六四年遭到科學家的砍伐，目的僅是為了科學研究。這一事件引發了長達幾十年的爭議，也激起人們保護古樹的反思，最終促成了立法與一個國家公園的誕生。

PART II

進入森林

PART
III 獨自佇立

CHAPTER 8

遠古的根脈

朱魯帕橡樹／帕爾默橡樹，加州南部

220

帕爾默橡樹是一種看似平凡，生命力卻非常驚人的樹木，這種生長速度緩慢的樹，常見於加州南部乾燥、多岩石的山坡和峽谷中。本章主角又被稱為「朱魯帕橡樹」，低矮的身形往往讓人很難聯想到其樹齡已超過一萬三千歲。

CHAPTER 9

遺世獨立的印記

貝內特杜松／高山杜松，加州中部

235

位於加州斯坦尼斯勞斯國家森林的「貝內特杜松」，是「國家大樹名錄」中最大的杜松，也是目前美國已知最大的杜松。這棵樹齡三千歲的古樹，生長在生存環境極為嚴苛的荒野，不僅展現了生命的韌性，也為這趟造訪不易的旅程增添冒險氣息。

CHAPTER 10 有景待賞
七姊妹橡樹／南方活橡樹，路易斯安納州南部 253
活橡樹是美國南部極具代表性的樹木，以其巨大樹冠和長壽而聞名，堅固耐用的木材也曾是造船的首選樹種。本章主角「七姊妹橡樹」，枝幹猶如七位姐妹手牽手圍成一圈，是人們公認密西西比河以東最古老的活橡樹之一，而且這棵樹還有個特別的身分：活橡樹協會第二任會長。

結語 老樹的頌歌 269
附錄 世上最老的樹 285
謝辭 299

作者序

那些古樹從何而來？

美國人在年滿百歲時，會收到總統寄來的生日賀卡。當某個特別高壽的老人——例如法國那位一百二十二歲的人瑞珍妮・卡爾門（Jeanne Calment）——過世時，相關的消息也會登上國際新聞的版面。即使是在崇尚青春年少的文化裡，人們對長壽一事也始終很感興趣。各種關於長生不老的故事一直為人所津津樂道，例如文藝復興時期的西班牙探險家龐塞・德雷昂（Ponce de León）追尋神話中的青春之泉的軼事，以及聖經中的人物瑪土撒拉（Methuselah）據說活到九百六十九歲高齡的傳聞。小說中也不乏類似香格里拉和布里佳東（Brigadoon）這樣的神祕村莊。據說在香格里拉，人人都可以活到兩百歲以上；位於蘇格蘭高地的布里佳東，居民的年齡也可達數百歲之多，而且他們每一百年才醒來一次，並通宵達旦地飲酒狂歡。

對於其他長壽的生物，人們也很感興趣，無論它們是動物抑或植物。這些生物的壽命往往遠高出平均值，令人見識到大自然的神祕與奧妙。對於一個已經五百多歲的蛤蜊或一隻八十六歲的大象，我們會特別關注。事實上，我們也應該如此，因為它們確實值得我們敬畏與讚嘆。

古老的樹木（以下簡稱「古木」）也是如此。

關於「古木」一詞的定義，並沒有世界公認的標準。舉例來說，根據英國的「林地信託基金會」（Woodland Trust）的定義，必須「超過一千歲」的樹木才算是「古木」。此外，它還必須符合三個標準：（一）處於生命的第三個（亦即最後一個）階段；（二）年齡大於其他同種樹木；（三）必須在生物學、美學或文化上有特別吸引人的地方。不過英國的「國民信託」（National Trust）則認為，只要「年齡遠大於其他同種樹木」者，就可以算是「古木」。

我們可以說，「古」這個字指的就是非常遙遠的過去。但這會衍生一個問題：所謂「非常遙遠的過去」究竟是什麼意思？它指的是多少年前？多長的一段時間？包含哪些年代或哪幾個世紀？我們在高中或大學時期多半都曾經修習古代史，而這段歷史指的是過去大約五千年間人類文明逐漸興起的歷程。但在本書第一篇中，你將會發現在美國西部山區和其他若干地方，有些樹木已經活了超過五千年的時間。如此說來，它們的歷史豈非比古代史更加悠久？

究竟何謂「古木」？目前的標準確實有些含糊，容易導致混淆。在我看來，這有一大部分是因為：一棵樹到底算不算是古木，往往要視其樹種而定。舉例來說，白樺樹平均的壽命是八十到一百年，因此一棵一百五十歲的白樺或許就稱得上是古木了，而普通胡桃的壽命可達一百五十歲，因此一棵兩百歲的普通胡桃就可以算是古木了。至於紅杉的平均壽命是兩千年，因此一棵已逾三千歲的紅杉就是古木了。不過，一般來說，只要是一千歲以上的樹木，多半都可以被稱為古木。本書所介紹的樹木（例如貝內特杜松）全都超過一千歲，其中有好幾棵是屬於同一個古老的樹種，如大盆地刺果松（Great Basin Bristlecone pines，學名 *Pinus longaeva*）。

樹木的壽命取決於諸多因素，包括氣候、土壤中養分的多寡、地理位置、水量、環境的挑戰、霉菌的感染、昆蟲的侵害、森林火災和人類的干預等等。根據這些標準，一棵處在水分穩定供應環境的橡樹，其壽命往往會比一棵曾經遭逢數十年大旱的橡樹要長很多。不過，最重要的決定因素還是遺傳：每一個樹種都有一套「程式」，決定它的壽命長短。這套程式已經銘刻在它的基因組裡，成為遺傳的一部分。就以蘋果樹而言，我們或許會想藉著經常施肥、澆水、殷勤關懷呵護等方式讓自己心愛的樹能活上好幾十年，但從遺傳學的角度來說，蘋果的壽命鮮少能夠超過三十五到四十五年。它的基因組成已經預先決定了壽命長短。

關於這點，我將在下面做更詳細的說明。

就以終年枝繁葉茂、能夠耐受酷寒天氣的針葉樹為例。這種樹共有五百多個物種，但每一種的壽命差異甚大。比方說，常見於美西各地的西黃松（ponderosa pine）或許可以活到五百歲，但北美喬松（eastern white pine）的壽命通常僅有一百五十年，至多也只有三百年。雲杉（common spruce）——包括挪威雲杉和白雲杉——的平均壽命大多介於一百五十年到兩百年之間，但目前已知有些藍葉雲杉可以活到八百年之久。同樣以長壽著稱的海濱黃杉（coastal Douglas fir）往往可以活到五百多歲，其中最古老的幾棵甚至已經超過一千三百歲。

同樣的，不同種類的果樹，壽命也差異甚大。桃樹的壽命通常很短，約在八到十五年間，但有些品種——如矮桃——可以活三十到四十年，甚至到了這個年紀還可以結果。李樹的平均壽命是二十到三十年，但有些則可活六十年以上。柑橘類果樹平均壽命約為五十年，但有些則可活到一百年。櫻桃樹的平均壽命是十六到二十年，但有一種黑櫻桃則可以活到兩百五十年之久。野生梨樹的平均壽命在五十年左右，但豆梨（Bradford pears）卻只能活十五到二十年。麻塞諸瑟州的埃塞克斯郡（Essex County）有一棵很特別的恩迪寇特梨樹（Endicott Pear），它栽種於一六二八到一六三九年間，其後曾經屢遭颶風侵襲，並曾受到破壞分子的攻擊，但到目前為止，它還活得好好的。

至於橄欖樹，在西元前二五〇〇年左右就開始有人栽植，通常可活五百年之久，而且這種樹即使年紀已經很大，仍然可以結果。有些橄欖樹可以活一千五百年以上。本書附錄中就包含兩棵這樣的老樹，其中一棵是葡萄牙的穆尚橄欖樹（Oliveira do Mouchão tree），已經活了將近三千零二十二年到三千三百五十年。

一般庭園和社區中常見的幾種樹木，其壽命也有很大的差異。美國榆樹的平均壽命為一百五十歲，最多可活三百年，加拿大鐵杉的平均壽命為四百五十歲，最多可活八百年，紅楓的平均壽命為八十到一百歲，最多可活兩百年。白橡木的平均壽命為三百歲，最多可活六百年。

我在研究的過程中，曾思考過一個問題：世上最長壽的生物是什麼？令我驚訝的是，據科學家們估計，有一群在西伯利亞永凍層土壤中發現的放線菌已經活了四十到六十萬年，而且至今仍在進行呼吸作用並排放二氧化碳，就像我們一樣。這些微小的生物讓「長壽」和「古老」這兩個辭彙有了嶄新的意義。

在尋找古木的過程中，我想探討的另外一個問題是：那些古老的樹木是從哪裡來的？更確切的說，它們是如何長出來的？已經存活了多久？而這樣的探索是從亞利桑納州東北部的一個乾旱地帶開始的。

我撿起那塊色彩斑斕的岩石，輕輕地捧在手上，然後再慢慢將它翻面，只見岩石由內而外布滿了深紅、胭脂紅、朱紅、琥珀、橙紅和桃色的迷人紋理，在夏日陽光的照射下，表面閃耀著淡黃與緋紅的色澤。整塊石頭就像畫家的調色盤一般，充滿著各種顏色與光彩，是大自然的傑作，使人想起莫內、梵谷或威廉·透納的鮮豔畫作。

此刻，我正置身於「化石森林」（Petrified Forest）中。此處的景觀彷彿仍處於史前時期。一望無際的崎嶇地形，一直延伸到鋸齒狀的地平線外，地上散布著一塊塊壯觀的彩色岩石。

這些岩石都是史前的南洋杉型木（*Araucarioxylon arizonicum*）的殘骸。這種樹木屬於針葉樹，樹形莊嚴，在三疊紀晚期（兩億三千七百萬至兩億一百三十萬年前）是地球上的主要樹種。當時，今天我們所稱的「美國西南部」仍然位於大西洋中央某個與現今巴拿馬同一緯度的地方，而所謂的「北美洲大陸」則仍位於目前所在位置的西北邊，且已經逐漸和非洲及南美洲大陸分離。當時，這裡仍屬於熱帶氣候，與目前的狀況大不相同。

這些史前的南洋杉型木因為天災的緣故被保存至今，成為壯觀的岩石，而且其中有些就位於它們生前所在之處。它們多半都是因為礦物質（通常是石英）逐漸沉積，取代了內部的有機質而成為化石。這些化石仍舊保持著樹木原來的形狀，但在經過長期的變化後，裡面的細胞結構已經不見了。如今，它們從裡到外都布滿各式各樣繽紛燦爛、濃淡不一的色彩，用屬於另一個世界的華麗撩撥人們的雙瞳。

這座化石森林是古代樹木在地球表面留下的一個令人印象深刻的印記，讓我們有機會得以一窺我們不曾知曉也無從想像的世界。當我撫摸著矗立於古老溪谷上的一棵巨大木化石、用相機拍攝化石森林裡一塊色彩斑斕的岩石，或佇立在「藍坪」（Blue Mesa）那塊名為「底座上的木頭」（pedestal log）的化石前面，驚奇的看著它時，我對樹木有了不同的看法：除了妝點大地之外，也為我們捎來了關於長壽與永恆的訊息。即便在死後，仍然讓我們看到了樹木所具有的重要意義。

這座「化石森林」就像一座碑塔，讓後世懷想關於古代樹木的種種。

現在，讓我們進入比三疊紀更早的一個時空，那便是始於大約四億兩千萬年前的「泥盆紀」。當時，天空呈淡淡的赭色與緋紅色，鮮少出現藍色，氧氣的含量也很低。據估計，當時空氣中二氧化碳的濃度介於三千到九千 ppm 之間，比今天的四百二十 ppm 左右高出許多。

泥盆紀時，地球被一片廣大、洶湧的海洋所覆蓋。兩座「超大陸」——岡瓦納大陸（Gondwana）和歐美大陸（Euramerica）——隔著狹長的瑞亞克洋（Rheic Ocean）遙遙相望，而且由於地殼板塊不斷緩慢移動的緣故，一直處於很不穩定的狀態，最後終於在兩者之間那個巨大「隱沒帶」的作用之下彼此猛烈碰撞，並合而為一，形成了一個巨大的陸地板塊，也就是著名的「盤古大陸」。

這段時期，由於地球的海平面不斷上升，出現了大量溫暖的淺水棲地。陽光得以穿透平靜的海水，提供那些原始海洋生物生長以及繁殖所需的能量。當時海中的生物大多是身上有著盔甲的無頷魚、早期的鯊魚，以及表面布滿藍綠菌與紅藻的巨大疊層礁。此外，隨著海洋生物的遷徙以及物種多樣性的增加，菊石、棘皮動物和三葉蟲在這個生態系中也占據了主導地位。

相形之下，當時的陸地則是處於非常原始的狀態，不僅環境惡劣，養分也極度貧乏。在之前志留紀時期誕生的早期陸生植物，絕大多數都長在潮濕的環境中（例如沼澤），以無性繁殖的方式（而非藉由孢子或種子）傳宗接代，而且外觀短小瘦削。除此之外，它們和現代的植物大不相同，既沒有根，也沒有任何一種可以用來吸收周遭水分的機制。在這些陸生植物中，以工蕨、三枝蕨、地錢和苔蘚占絕大多數。至於那些枝條細長、沒有葉子的頂囊蕨（*Cooksonia pertoni*，是目前所知最古老的維管束植物之一）則長在低窪的棲地上。

後來，在大約四億年前，有許多這類原始植物發展出了我們現在稱之為「木質部」（xylem，源自希臘文中代表木頭的 xylon 一字）的一種維管束組織。這是一項革命性的演化，因為有了「維管束」之後，植物才得以把根部的水分運送到頂端。其後，這些新興物種又發展出了次生木質部，也就是我們現在所稱的「木材」部分。這類植物雖然只有大約半呎高，但因為有了維管束，便得以有效輸送水分，使整株植物都能充分得到水的滋潤。這樣的變化雖然甚為緩慢，卻是植物演化史上的一項關鍵性的變革。

一直要到泥盆紀的末期（大約三億七千萬年前），這類植物才開始逐漸長高，成為「前裸子植物」。這類植物，例如古蕨屬（*Archaeopteris*），它們最終長到了九十八呎高，樹幹直徑超過三呎，樹冠上巨大的葉片呈蕨葉狀；據研究，這種堅韌的植物就像現代的某些樹木一樣，葉片會季節性脫落。

古蕨那木質的根部使自己得以抓緊土壤，吸收水分，不致缺水，也因而得以離開沼澤區，移居他處，並逐漸發展出新的生殖方式。既然它們已經不需要靠理想的環境條件來繁衍，便能夠傳布到其他地區。因此，我們如今在每一個大陸（包括南極地區在內）都可以看到古蕨的化石。

二〇二〇年二月，十一位來自美國和英國的科學家宣稱他們發現了可能是地球上最早的一座森林。那是一座古蕨林，位於美國紐約州開羅鎮（Cairo）郊區一座已經廢棄的採石場上。根據科學家的鑑定，這些古蕨已經有三億八千五百萬年的歷史。從其中數十棵古蕨的根部化石可以明顯看出：它們會吸收二氧化碳，並且製造氧氣。這是地球生物史上一個關鍵性的轉折點。在古蕨漫長的演化過程中，它們逐漸開始吸收並貯存二氧化碳。於是，地球的大氣層便出現了一個前所未見的變化：空氣中的含氧量逐漸增加，使物種得以不斷擴張。也就是說：古蕨和那些持續演化的親族創造了一個新的環境，使得一些更高級的生物（例如兩百八十萬年前的人族）得以存在並演化。簡而言之，我們人類過去是依賴樹木才得以生存，如今依然如此。

除了恐龍時代的南洋杉型木碎片化石外，我也發現，從其他幾處遺址中，同樣可以看出樹木在演化過程中的重要轉變。這些發現讓我們更加體認到：樹木乃是自然界極其重要的一分子。在它們身上，我們往往可以看出過往的種種。

在肯塔基州的幾處煤田裡有一些樹樁的化石，被埋藏在賓夕法尼亞世（約兩億九千九百萬到三億兩千三百萬年前）的岩石中，其中包括了石松類植物在內。這是肯塔基州最常見的樹樁化石。石松之所以特別，在於沒有木質組織。相反的，它們的樹幹有四分之三以上都是樹皮。除了石松之外，還有不少蘆木的化石。它們有一部分長到了像小樹般的高度，但大多數都只有大約三到五吋高，且多半長在水邊（如河流和湖泊、濕地或洪泛區）。此外，科達樹（Cordaite tree，一種裸子植物）也是賓夕法尼亞世很普遍的一個樹種。儘管肯塔基州迄今尚未發現科達樹的樹樁化石，但在該州各地的頁岩和煤層中都可以看到其葉片的化石。

二〇一四年，科學家在猶他州中部的曼科斯頁岩層（Mancos Shale Formation）

中發現了一截木頭的化石，並因此確認早在大約九千兩百萬年前，北美洲各地就出現了高大的被子植物。這是北美洲迄今所發現的最古老的大型開花樹木的化石，比第二古老的化石早了一千五百萬年。這截木化石大約有六呎寬、三十六呎長。據估計，它所屬的樹木在存活時的植株高度約有一百七十呎高，比猶他州目前還活著而且最高的一棵樹——位於「錫安國家公園」（Zion National Park）一棵高八十三呎的三角葉楊（cottonwood tree）——高出一倍多。根據研究人員的說法，此樹很可能是已經滅絕的 *Paraphyllanthoxylon* 屬成員，也是迄今已被發現、最早的木本被子植物之一。我們知道，開花植物出現於大約一億三千五百萬年前，而這件化石清楚地顯示：在大約四千五百萬年後，北美洲早期的被子植物便演化成高大的樹木。

在科羅拉多州佛羅瑞珊市（Florissant）附近的「佛羅瑞珊化石帶國家保護區」（Florissant Fossil Beds National Monument），有一批三千四百萬年前的陸生動植物被保存在化石中，其中包括一些巨大的紅木（始新世－漸新世時期的主要樹種）。在這些紅木化石中，最值得注意的莫過於「紅木三兄弟」（Redwood trio）。它具有複合式的三主幹，是迄今唯一已知的紅木「家庭圈」化石，和佛羅瑞珊保護區內的其他紅木化石明確顯示：紅木是一個歷史極其悠久的樹種。根據「搶救紅木聯盟」（Save the Redwoods League）的資料，現今的紅木種類（包括紅杉屬、巨杉屬和中國的水杉屬）都是一億四千四百多萬年前白堊紀的針葉樹的後代。在白堊紀時期，地球的氣候比現在更溫暖潮濕，因此紅木繁茂滋長，遍布於各個大陸。但久而久之，隨著環境不斷變遷，紅木便逐漸退出了大部分的棲地，以致許多樹種逐漸滅絕。在一連幾個冰河期（最近的一個結束於大約一萬一千七百年前）之後，只有三個分別位於美國加州和中國四川省的小區域可以看到殘餘的幾種紅木，但它們的化石都保存完好。

在所有的古樹中，銀杏堪稱最重要的樹種之一。它是銀杏目（Ginkgoales）的成員，最早出現於兩億九千萬多年前，也就是二疊紀（兩億九千八百九十萬到兩億五千一百九十萬年前）期間。現存的銀杏化石乃是大約一億七千萬年前中侏羅紀時期留下來的。簡而言之，早在恐龍時期，銀杏就已經存在於地球上了。它們經歷了多次大規模滅絕的危機以及好幾個冰河時期的考驗，仍然存活至今，因此贏得了「活化石」的暱稱。

這些年來，有多篇發表在不同期刊中的論文都認為，銀杏或許是一種幾近長生不朽的樹。這些論文指出，銀杏樹可以活到一千多歲。有人則宣稱他們發現了兩、三千歲的銀杏樹。發表於《美國國家科學院院刊》（*Proceedings of the National Academy of Science*）的一篇研究報告也提供了一些科學證據，顯示銀杏很有可能是老樹中的超級冠軍。這項研究是由十六位中國科學家所組成的團隊所進行的，他們檢視了銀杏的維管束形成層（負責製造新樹皮和木質的一層薄薄的組織），接著又研究形成層活性、荷爾蒙濃度、與抵抗力有關的基因以及各項與細胞死亡有關的因素。後來，他們在報告中指出，研究所做的轉錄體分析（針對與成長率和生產力有關的細胞培養物所做的研究）顯示，那些最老的銀杏樹其維管束形成層並未表現出衰老（senescence，指的是生物的功能逐漸退化的現象，也就是生物學上所謂的「老化」）的現象。他們甚至認為銀杏的維管束形成層能夠持續生長達數百年，乃至數千年。

但這僅僅意味著銀杏通常不會因為年紀老邁而死亡，並不代表永遠不會死亡。事實上，銀杏之所以會死，往往是由外部的因素所造成，例如火災、疾病、閃電、強風甚或過度的砍伐等等。正如該篇報告中所言：「這種樹之所以如此長壽，很可能與先天、可誘導的防禦基因的廣泛表現有關。」總之，銀杏具有非凡的活力與耐力，因此得以如此長壽，而這些特質早在遠古時期就已經形成。

要判定樹木（尤其是老樹）的年齡，往往要使用一種以上的方法。樹齡學家（負責鑑定樹木年齡以及與那些樹木相關的人類器物與建築的年代的科學家）所採取的方法主要有兩種，其中最人為所知的便是以生長錐鑽孔（increment boring）的方法。這種方法是從樹木的外部向內部鑽孔，並提取出一條狀如鉛筆般的木芯，而這一截木芯上便顯示著樹木的年輪。其中每一道年輪都代表那棵樹木所經歷的一個完整的生命週期（一年）。樹齡學家只要數算從樹皮到芯材之間的年輪數量，便能夠確切判定樹木的年齡（當然，他們必須知道那棵樹是哪一年被砍伐的）。這種方法除了能夠用來判定樹木的年齡之外，還可以用來提供年輪氣候學（研究樹木生長過程中每個時期的氣候與大氣狀況的一門學問）方面的數據。

老樹有時難免會出現木材腐爛或空心的現象。這有幾個可能的因素，例如受到真菌感染、長期處於潮濕的氣候中、遭逢氣候巨變、被昆蟲寄生或罹病等等。

當樹齡學家要評估這樣一棵樹木的年齡時，可能必須提取木芯，然後根據上面的年輪加以推斷。儘管無意傷害那些樹木，但在過去，由於他們所取出的木芯體積過大，太有侵入性，以致那些樹木往往因此而死亡。如今，他們所用的鑽頭又細又長，插入樹木中時就像打流感疫苗一樣。

要判定一個已故生物體（如一棵樹木）的年齡，還有一個方法便是「放射性碳定年法」（radiocarbon dating），也就是測量碳十四（C-14，碳元素的一種放射性同位素，存在於所有活著的生物體當中）的半衰期（指的是一種元素衰變到剩下原來的一半時所需的時間）。通常碳十四的半衰期為五千七百三十（正負四十）年。因此，科學家們藉著測量生物遺體內所殘存的碳十四含量，就可以看出該生物是在多久之前停止和大氣交換碳元素。

放射性碳定年法在判定可能已有數千年歷史的生物遺跡時特別有用。舉例來說，在判定位於加州白山山脈（White Mountains）的大盆地刺果松枯木年齡時，科學家們便採用這種方法，才得以判定那些枯木已經有大約一萬一千年的歷史。

好幾年前，我在為《蛤蜊的祕密生活》（*The Secret Life of Clams*）一書進行一些研究時，發現計算年輪並非樹齡學家的專利，而硬化年代學家（sclerochronologist）

同樣藉著年輪判定若干海洋生物的年齡。

二〇〇六年，英國班戈大學（Bangor University）的科學家在冰島附近進行海底研究，那是他們所做的一項長期氣候學研究計畫的一環。在打撈深海蛤蜊時，科學家捕撈到一個看似普通的北極蛤（*Arctica islandica*），他們將蛤蜊帶到實驗室，並開始數算外殼內面的年輪（因為此處的年輪比較不會像殼外面的年輪那般容易受到磨損），結果初步判定，那隻蛤蜊已經四百零五歲了。

此一蛤蜊後來被貼上了「海中樹木」（Tree of the Sea）的標籤，因為科學家們根據其殼上的年輪，看出了過去海洋環境的改變。班戈大學海洋科學院的教授克里斯．里查森（Chris Richardson）告訴BBC說：「生物的年輪會顯示出它每年的生長速率，而這個速率會隨著每年的氣候、海水的溫度和食物的多寡而改變。」

二〇一三年時，這群科學家決定重新數算一次。他們仔細的計算了蛤蜊殼表面的年輪，結果顯示那隻蛤蜊實際上已經有五百零七歲了，而非他們最初所認定的四百零五歲。科學家保羅．巴特勒（Paul Butler）表示：「我們在第一次時算錯了。或許當時有點太急著要發表研究的結果了，但現在我們很確定，這次算出的年齡是正確的。」

請想像一下：這隻被暱稱為「明朝」（Ming）的老蛤蜊居然從一四九九年一直活到二〇〇六年（這是那群硬化年代學家打開它的殼，數算年輪的那一年）為止。「明朝」著床、出生之時正逢瑞士獨立建國（一四九九年九月二十二日）。之前一年，哥倫布第三度航行到新大陸（一四九八年五月到八月）。其後一年，佩德羅．艾瓦里茲．卡布拉爾（Pedro Álvares Cabral）發現了巴西並將它納入葡萄牙的屬地（一五〇〇年四月二十二日）。

蛤蜊殼上那一道道呈同心弧狀的年輪，是由幾微米的方解石和霰石所構成。每一道都可以顯示當年海水的溫度、鹹度、噴發的狀況、養分的多寡、氣候的變遷以及海水的流動，當然，也表示那蛤蜊又多活了一年。這些痕跡就像樹木的年輪一般，是歲月與生命的印記，而生態學的測量所能解析的細微變化，也往往超越人類所能感知的。一言以蔽之，這些年輪就是生命之環。儘管「明朝」只是區區一顆蛤蜊，但卻是世上已知最長壽的動物。

除了樹齡學家和硬化年代學家之外，有些科學家也會藉著年輪來判定生物的年齡。比方說，魚類學家就能藉著數算魚鱗或耳石（耳骨）的年輪來推定一條魚的年齡，那些年輪還可以反應出魚在生長過程中的季節性變化。

要了解動植物的生活，計算年輪是很重要的一件事。在我們討論古木的種種時，樹齡學可以提供重要的數據，因此我在本書中會不時提到兩種測定樹木年齡的主要方法（生長錐法以及放射性碳定年法）。這能讓我們得以用科學方式去了解一座森林或一棵樹究竟有多麼「古老」，而非憑空臆測。將來，當我們研發出新的測量方式或更好的工具時，那些樹木的確切年齡可能會有所改變。這些數據能夠幫助我們更趨近事實，而探索事實正是科學研究的本質。

前言

樹木是通往過去與未來的橋梁

樹木就像是歲月長河中堅定果敢的哨兵。人們對樹木向來懷抱著景仰與喜愛之情。在地球上，樹木的數量約達三兆棵之多（樹與人的比例約為四百二十二比一），物種數量也達六萬種以上。世世代代的植物學家——無論專業或業餘——都將樹木視為智慧的泉源、神聖的存在，認為它們是青春與老年的象徵，並讚頌其強壯、睿智、源遠流長，以及在演化過程中表現出的韌性。無論聖人、帝王或暴君都曾向樹木請教，尋求引導。樹木廣受百姓與詩人的稱頌，以及全球各地人士的景仰。世界各地的神廟除了供奉它們的神祇之外，也多將樹精、樹靈和森林之神視為神明。

樹木不僅優美、健壯，往往也十分莊嚴高貴。人類不僅在樹洞內遮風避雨、用樹木建造房屋，也會居住在樹林中。在非洲，猴麵包樹被用來當成牢房或教室。在愛爾蘭，樹洞成為中世紀僧侶隱居苦修的庵室。在印度，無花果樹被視為人類心靈的化身及眾神的居所。全球各地的人們都很重視樹木，因為樹木不僅具有商業價值，能夠美化環境，看起來也很雄偉壯觀。

但最讓我們注目與好奇的，還是它們的壽命。這也引發了許許多多的疑問，而且這些問題往往都沒有得到解答，比方說：是哪些環境因素使得它們如此長壽？它們如何能夠撐過世世代代來自環境的威脅與人類的干預？為何有些種類可以活得很久，有些則風輕輕一吹就倒了？

二〇一六年，作家暨業餘的博物學家費歐娜・斯塔福（Fiona Stafford）出版一本備受好評的書《樹的漫長一生》（*The Long, Long Life of Trees*）。她在書中表示，有史以來，樹木一直以無數種方式服務人類，我們和樹木的關係除了實際的應用之外，還有其他許多面向。她指出，樹木與人類的生活密不可分，是我們忠誠的夥伴，也對我們有所啟發。然而，我們對它們的了解往往卻是如此的少。

本書的目的是在探討並了解有關樹木的種種，以及它們之所以長壽的原因。寫書的構想萌生於一九五〇年代中期洛杉磯西部，一座位於牧場住宅後院、高大廣闊的雜樹林中。那裡長著許多樟樹、藍膠尤佳利和加州梧桐。對於一般人而言，這些樹木平平無奇，但對於一個酷愛閱讀、想像力豐富的少年而言，它們就像是一座宏偉的亞瑟王城堡、一座迤邐於奧勒岡小徑（Oregon Trail）旁的邊城要塞、一艘衝向即將爆炸的遙遠世界的宇宙飛船，或一艘可怕的海盜船。

在那座樹林中，我用舊木頭、廢棄木材以及附近一個建築工地的廢木料建造了一棟兩層樓的樹屋。裡面有幾個房間，外面有一個露台，而且瀰漫著一種只有少年人能夠享受的氛圍。在那裡，我得以遠離外在的世界，獲得某種慰藉。在跟班——我家愛犬瓦利——的陪伴下，我盡情地探索、冒險，假裝自己是劍客或船長。對我而言，那座樹林中充滿了無盡的可能，也讓我有了許多新的發現。

成長期間，我住在南加州嘈雜的城市裡。父親和我會不時前往北邊位於加州東部的馬麥斯湖區（Mammoth Lakes），然後騎馬進入約翰・繆爾荒野保護區（John Muir Wilderness），在那裡釣金鱒，在長長的步道上健行，與綠意盎然、充滿生命力的大自然交流。此外，我們也會漫步在長著細長針葉的松樹林間，或在靜謐祥和的白冷杉樹林間閒逛。

等到我十三歲時，父母親認為我的成績不夠理想，便送我去奧瑪中學（Orme School）念書。那是一所很有名的預科學校，位於亞利桑納州中部高地沙漠一座占地四萬英畝的養牛場上。那裡乾燥的灰溪（Ash Creek）流域和牧場中央的穀場四周都長滿了高大的棉白楊，每年秋天，葉子總會變成金黃色。一陣微風吹來，樹葉便閃閃發光、沙沙作響。春天時，棉白楊特有的棉絮狀胞果就會滿天飛揚，把種子散播到遠方，有的會黏在衣服上，有的會一簇簇沾附在紗門上，有的則會隱身在我們教室的幾個角落裡。那一球球棉絮會不斷掠過校園往上飛，飛到周邊的台地，完成大自然的更新與重生。

有一棵棉白楊就長在學校的食堂外面。學生們每一天在前往用餐或參加社團集會的路上都會經過它，風吹過枝枒時會窸窣作響，傳到食堂裡。那是一種古老的旋律。

多年後，我才了解接觸大自然具有多麼強大的力量，能夠改造並淨化人心。在就讀於亞利桑納大學時，我在歷史課的課堂上，在科羅納多國家森林（Coronado National Forest）裡，領教了原住民的智慧，也透過心智、身體、情緒、靈魂等四個面向吸收有關樹木的知識。在群山的懷抱中，在廣袤的沙漠裡，我體驗到了這些高貴樹木的力量，使我得以有所學習與成長。

畢業後，我加入了美國海岸防衛隊，有四年的時間一直駐紮於舊金山海灣附近的政府島（Government Island）。退伍後，我和妻子以及兩個孩子搬到了賓夕法尼亞州。該州名為 Pennsylvania，意思就是「賓的林地」，是美國唯一以樹木命名的州。我們住在鄉下，房子的四周都是樹林，讓當時身負教學重任又同時攻讀博士課程並且努力寫作的我，能在繁忙的工作之餘能獲得一些安詳與寧靜。

進入學術界後，我和太太發現賓州有各式各樣生態豐富的國家公園。於是，我們便經常開車載著一些不容易壞掉的食品雜貨、一頂防水帳篷以及其他必要的露營工具，找一個地形崎嶇、偏遠僻靜的地點露營。我們經常把帳篷搭在北美喬松、加拿大鐵杉或歐洲雲杉的樹林中。白天，我們會沿著山徑步行，或是拿著一本厚厚的書，坐在露營椅上閱讀。夜晚，我們會在芳香的松樹底下升起營火。直到現在，我們仍然經常這麼做。

二〇一二年，自行車比賽冠軍兼勵志演說家丹・布特納（Dan Buettner）出版了一本有關人類壽命的書，書名叫《藍色寶地：解開長壽真相，延續美好人生》（*Lessons for Living Longer from the People who've Lived the Longest*）。他和同事發現，世界上有好幾個地區的居民，壽命都超出一般的期望值，有很多人活到八十、九十，乃至一百歲。後來，他們整理出了這些人之所以能夠活得豐盛而長壽的根本原因，其中包括經常參加各式活動、限制熱量的攝取、生活有目標、能夠設法減輕自身的壓力、重視家庭生活以及具有社群意識。此外，他們也建議人們可以每天喝杯小酒。

布特納的書最讓我印象深刻的一點是：人類之所以長壽，有很大一部分不是遺傳決定的，而是取決於我們在日常生活中所做的選擇。也就是說，如果我們決定不要抽菸、限制紅肉的攝取量、持續從事體力活動並參與社群，就可以很大程度地決定我們會活多久。科學研究已經證明，人類的壽命至少有一部分是操之於我們的選擇，而不一定是由祖先遺傳給我們的基因所決定。

然而，對於這世上的六萬零六十五種樹木來說，根本無從選擇。它們的演化與壽命往往取決於環境因素，包括氣候的變化、昆蟲、基因、火災、地理位置、地質情況、夏季的暴風雨等等，當然還有時間的因素。我想進一步了解這些因素，不過不是為了得到最終的答案，而是要進行心智、靈魂與身體方面的探險。除此之外，我也想探討一個或許很難回答，但卻令人好奇的問題：「自然界的生物最長能活多久？」藉以彰顯大自然保存並延長各種生物壽命的智慧。在探索的過程中，我屢屢想起天主教熙篤會創辦人聖伯爾納鐸（Saint Bernard of Clairvaux，一〇九〇至一一五三年）的告誡：「我們從樹林中所學到的事物比從書上學的更多。動物、樹木和岩石能夠教導你在其他地方所學不到的知識。」事實上，我的目標是強化自己和大自然之間的連結與交流。正如同我後來所發現的，有些特殊的植物無論遇到什麼情況都能逆來順受，歷經千百年的時光仍然活得很好，但這只是它們故事當中的一部分。

此刻，你手裡拿的這本書可以說是另一本《奧德賽》。首先，它記錄了一場漫長而曲折的旅程，其中包括我實地走訪北美洲大陸幾個偏遠神祕的角落，以探訪當地著名森林或奇特樹木的經過。其次，它也描述了我為了滿足求知欲和追尋答案所做的一場心智上的探險。我想藉由這樣的考察獲得一些洞見，提出一些深刻的問題，並思考使樹木得以長壽的種種可能的原因。因此，我踏上了一趟又一趟的旅程，渴望蒐集那些長壽樹種（它們在演化方面的智慧遠勝過我）的第一手資訊，觸摸它們的枝幹，造訪它們的棲地，與它們那繁茂的枝葉交流，並在它們的樹蔭底下流連。在這個過程中，我也研讀了各種科學文獻，進行了多場令我大開眼界的訪談，拜讀了大量與樹木有關的著作並與它們的作者連絡。

在這個過程中，我很早便決定將這本書命名為 *In Search of the Old Ones*，因為書中所描述的固然是我個人為了追尋答案所做的種種努力，但也包括那些已經「掌握」了大自然若干祕密並用來促進自身演化的樹木。本書的目的並不在於發現絕對的真理（這要留待哲學家來做），而是要尋求某種形式的啟迪，並提出更強而有力的問題。博物學家兼作家貝瑞·洛佩茲（Barry Lopez）在他的散文〈鳥兒的智慧〉（The Passing Wisdom of Birds）中，敦促我們要「培養內心的一種神祕感，知道生命在任何一個環境中萌發的可能性……都大於我們所能預期或了解的。即便我們不懂，也無妨。」

正如我後來所發現的：樹木的演化與壽命，除了取決於生長的環境外，也取決於氣候、天敵、遺傳、地形與時間。身為一個科學類書籍的寫作者，我感興趣的不僅是那些置身荒蕪之地、樹幹粗糙扭曲、飽受風吹之苦的樹木如何能夠保持其青春活力，或一株長在南加州山邊矮樹叢裡，不起眼的植物如何能夠在那樣的環境中存活一萬三千年，我還想了解這些現象背後的原因。大自然蘊含了種種奧祕，我決心透過親自訪視、與人討論以及廣泛閱讀等方式加以檢視。我心想，或許自己可以在這趟旅程中發現迄今不為人知的事實。

在金字塔出現於尼羅河河岸的五萬多年前，在今天的阿拉巴馬州莫比爾市（Mobile）南邊一處廣袤的海岸上，有一個豐富多元、生機盎然的生態系統。當時，地球上有很多水分都被凍結在冰河內，海平面比今天低了足足四百呎。我們現在所看到的島嶼，當時可是高達好幾百呎的山峰，海岸線也比今天外移了三十到六十哩。莫比爾灣（Mobile Bay）一帶的地區當時是一座樹木繁茂的廣大山谷，有許多河流和小溪流經其中，景象有些類似現代的紅木森林。山谷中棲息著各式各樣的巨型動物，包括各種植食動物和掠食者，以及在遊走於水邊的兩生類。

這段時期，墨西哥灣沿岸地區出現了愈來愈多的落羽杉森林，但後來由於一連串的氣候變異以及海平面上升的緣故，這些樹都死了，被埋在一層層厚厚的沉積物底下並保存了數萬年之久。這些樹木之所以並未腐爛，是因為覆蓋它們的泥土阻絕了氧氣，創造出了一個有如海底墓穴般的缺氧環境，讓樹被埋葬了千千萬萬年。

二〇〇四年，在颶風伊凡（Hurricane Ivan）過後，科學家在阿拉巴馬州海岸外八哩、水下六十呎的地方發現了這座遠古的落羽杉林。根據班・瑞尼斯（Ben Raines，當時最早潛入海底探勘的人員之一）的說法，這座森林是一座資料寶庫，可以提供許多前所未有的資訊，包括當年該區的氣候、年降雨量、昆蟲數量，以及人類尚未踏足墨西哥灣沿岸之前該區所生長的植物種類。瑞尼斯同時指出，在這座海底森林中所發現的樹木，乃是六萬年前的冰河時期遺留下來的。

路易斯安納州立大學地理與人類學系的副教授克莉絲汀・狄隆（Cristine

DeLong）是當初發現這座海底森林的主要科學家之一。二〇一三年，她潛入該處的海水中，找到了許多海底森林的樣本，經過檢測後，發現那是一座已經有大約四萬兩千到七萬四千年歷史的森林。我問她這座海底森林在科學上有何意義，她告訴我這是科學家們迄今發現保存最完好的地下森林之一。那些木頭看起來出奇的新鮮，沒想到竟是五萬多年前的古物。

她告訴我，氣候變遷並不是近代才有的環保問題。從前的地球也曾出現長期的氣候變異。科學家們發現，那些被找到的樹木仍有樹皮。一般來說，這表示它們並非經過很長的一段時間才被埋在地下，而是很快就遭到掩埋。據這些科學家推測，這可能是因為地球氣溫逐漸升高，導致冰河加速融化，使得墨西哥灣的海平面迅速上升所致。

時至今日，海平面如果以同樣的幅度上升，沿海的居民也會受到影響。舉例來說，美國國家海洋暨大氣總署（National Oceanic and Atmospheric Administration，簡稱NAOO）在二〇二二年二月所發表的一份報告就預測：到了二〇五〇年時，美國沿岸的海平面平均將上升一呎。科學家們認為，海平面上升的速度之所以加劇，是因為溫室氣體的排放量並未減少，而這主要是人類持續燃燒化石燃料所致。其結果就是：冰河融化的速度愈來愈快，以致全球有數十個人口高度密集的城市愈來愈有可能會被洪水淹沒。據NOAA估計，到了二〇五〇年，墨西哥灣區的海平面將會上升十四到十八吋，美國東岸則會上升十到十四吋。

全球氣溫升高的現象將會為地球的氣候系統及居民帶來許多負面的影響。在數萬年前，地球氣溫的上升就曾經導致巨大冰河融化，以致海平面上升，沿海地區被洪水淹沒。時至今日，地球的平均氣溫也正以前所未見的速度升高。溫室氣體（如燃燒化石燃料所產生的二氧化碳和甲烷）會使熱氣聚積在地球低層大氣中，導致氣溫升高，從而造成永凍層融化，沙漠的面積增加，暴風雨變強，野火發生的次數更加頻繁，冰河也逐漸後退。不計其數的物種（包括動物和植物在內）都將必須適應新的生態系統，否則便會面臨滅絕的命運。

這引起了一個值得關注的問題：現存的古老樹木會不會因為氣候的變遷而走上滅絕的道路？

當我們檢視若干長壽的樹種和樹木時，腦海中可能會有一個聲音提醒我們：這些樹的壽命固然很長，生命力也很旺盛，但同樣會受到當前事件（其中有許多是它們一生從未遇到過的）的影響。值得一提的是，二〇二二年九月時，「樹木基金會」（Tree Foundation）指出，有許多科學家都很擔心樹木正以前所未見的速度在滅絕中。他們表示，過去這幾十年來，全球的樹木已經面臨嚴峻的危機，但現在氣候變遷的速度加快，因此我們勢必會面臨一些極其嚴重的問題。許多生態系統，包括其中所有的老樹都可能會受到威脅。

二〇二二年十二月，「美國林業局」（US Forest Service）所發表的一份報告正好凸顯了這個問題的嚴重性。這份報告指出，研究人員在奧勒岡州的森林中發現了一百一十萬英畝已經枯死的冷杉。這是七十五年來奧勒岡州樹木在單一季節中所受到最嚴重的損害。那些研究人員形容這幕景象為「冷杉末日」（firmageddon）。這顯示：因氣溫上升所造成的持續乾旱正如何使得原本青翠的山坡變得一片荒蕪。

除此之外，許多森林也開始往北方或海拔較高處移動。這是因為日益升高的氣溫以及地球各地氣候的不斷變遷，已經開始改變許多樹種生存所需的條件，而且速度通常極為驚人。由於樹木逐步朝著氣候有利於它們生存的地區傳播，因此許多一度林木繁茂的地區也已經開始出現樹木愈來愈稀少的景象。在日益升高的氣溫「逼迫」下，連在加州白山山脈的貧瘠土壤中生存了五千多年的大盆地刺果松（參見第一到第三章），其壽命也開始變短，並朝著山坡更高處遷徙。當樹木開始遷徙時，數量就會減少，連那些已經活了幾千年的老樹也不例外。

過去這幾十年來，我已經將樹木視為睿智的導師。它們讓我學到了一些寶貴的功課，也讓我在繁忙的日程中或從事吃力的工作時得以稍事喘息。樹木就像是我的夥伴，我會在它們的枝葉底下露營，研究它們傳播的狀況，也會不遠千里去仰望那壯觀的姿容。如今，我已經成為樹木的忠實粉絲，不僅是因為它們的高尚與莊嚴，也是因為它們的韌性與耐力。

現在，我即將展開另一場探險，前往我一些不曾涉足的地區以及神祕的國度，探索有關樹木的種種。我邀請您加入我的行列，穿梭於時空之中，檢視若干樹木得以如此長壽的原因，並看看我們能夠從中學到什麼。我在書中的每一章中都會講述一個故事，說明某種樹是從什麼時候開始出現在某個地方。這些故事，無論是虛構的或真實的，都取材自歷史上的記載和文獻。它們可以讓我們一窺古代各地區的面貌。

書中的篇章也描述了我前往美國若干地區，探訪那些壽命遠超出人類想像的老樹的經過。除了試著描述這些老樹的形貌之外，我也表達了對它們的欽佩與讚嘆。透過這些篇章，我們將從環境、地理、人類學、歷史和傳記等各個角度來探討這些老樹的生命歷程。

在接下來的篇章中，我想請你想像自己置身於一個屬於古老樹木的國度裡。那裡有超過兩千歲的高大紅杉、至少五千零七十二歲的原始刺果松、超過兩千六百二十八歲的落羽杉、已經活了八千到一萬兩千年的顫楊樹林，以及其他的樹種。我想請你佇立在這些樹木之間，思考它們如何戰勝環境、克服環境。《樹之旅：一個關於森林、人與未來的故事》（*The Journeys of Trees: A Story About Forests, People, and the Future*）的作者扎克・聖・喬治（Zach St. George）認為，關於樹木，最能激發我們內在的哲學思惟的不是它們的大小、形狀或普遍性，而是它們的年紀。他指出，隨便一棵樹都很有可能活得比人類更久，因此，樹木可以成為我們探索未知的一座橋梁，讓我們得以與過去乃至未來連結。

我希望當你閱畢本書，闔上書頁時，會對這些樹木或森林有更多的理解、受到了啟發並增廣了見聞。我希望它們能讓你有一些發現與省思。樹木或許並非我們每天都會接觸到的生物，但卻是我們在演化道路上的夥伴。說不定它們可以提供一些訊息，一些我們因為太過匆忙而不曾看見、領會，或不太願意接納的訊息，而這些訊息或許足以改變我們的生命。因此，我們或許需要以不同的態度，更加深入、仔細的去體驗這些古老的樹木。

「行走在大自然中時，
每個人都會得到遠多於他所企求的收穫。」

——約翰·繆爾（John Muir）

PART I

最長壽的老樹

它們不屈不撓、堅忍不拔，而且已經極其老邁。它們所生長的環境氣溫極端、海拔很高、土壤貧瘠、降雨不足、氧氣缺乏、強風呼嘯、冬有暴雪、夏有豔陽，幾乎沒有其他植物可以存活，但它們卻活了下來，而且歷經千百年仍屹立不搖。

大盆地刺果松可說是長壽的榜樣。它們經常被稱為地球上最長壽的樹木，比一般的樹木都活得更久，有著超乎人類想像的壽命。在加州東部高聳的白山山脈或內華達州「大盆地國家公園」（Great Basin National Park）的偏遠山坡上，有不少已經活了三、四千年的大盆地刺果松。最令人驚訝的是，一棵聳立在「古代刺果松森林」（Ancient Bristlecone Pine Forest）中某座山坡上的樹，竟然已經超過五千歲。

在這三章當中，我將會介紹幾棵令人矚目的樹。它們自從古代近東地區的銅器時代以及美國西南部的晚期古代時期（Late Archaic period）開始，就已經存在了。你將會行經兩座長著驚人老樹的森林，造訪一棵處於生存邊緣的古老樹木，並來到一個曾經發生樹齡學史上最誇張的事件的地方。你將會發現，古老的樹木——尤其是古老的刺果松——身上有著一些了不起的故事。

這三章所描述的都是那些老樹如何堅忍不拔、屹立不搖的故事。我們可以看到一個長壽的樹種如何成功克服其他樹木所無法忍受的環境，把逆境化為優勢，讓自己得以進化。這些樹木至今仍然聳立在海拔超過兩哩而且地形條件險惡的高山上，活到其他樹木難以企及的年歲。這真是「適者生存」的最佳寫照。

CHAPTER

1

年老的戰士

俗名 **大盆地刺果松（Great Basin bristlecone pine）**
學名 ***Pinus longaeva***
年齡 **四千至五千歲以上**
地點 **加州白山山脈，古代刺果松森林**

西元前二九八五年，巴比倫北邊三十二點四哩的西帕爾城（Sippar）外

風不停地吹著，吹過大地，以致田野、馬車、茅屋、牛群以及人們的身軀都覆上了薄薄的一層塵埃。風也吹過乾燥的河谷及荒蕪的山坡，捲起了漫天塵沙。即便有門有窗，也擋不住那些沙子，因為它們總是能透過細小的裂縫或狹窄的口子滲進屋裡。

夏嘎爾蹲在午後的陽光下，用手背拭著額頭，一邊驅趕飛到他臉上的一小群蒼蠅。他前面的地上鋪著一層薄薄的蓆子，是用附近幼發拉底河的草木細心編織而成的。夏嘎爾是一個技藝精湛的陶工，此刻正在這張蓆子上捏塑著陶器。這些作品往往可以為他換來許多把大麥，尤其是在阿基圖節（Akitu，春分後第一次滿月時所舉行的節慶，象徵新年的開始）的時候。他的手藝是從父親那兒學來的，這是他們家族的傳統與榮耀，以後他也會把這門手藝傳給他的長子，而後者會再傳給他的孫子，讓這門手藝能繼續流傳下去，並發揚光大。

同一時期，《吉爾伽美什史詩》（*Epic of Gilgamesh*）也誕生了。這部史詩被刻在十二塊泥板上，講述的是烏魯克（Uruk）國王吉爾伽美什（Gilgamesh）和朋友恩奇杜（Enkidu）前往神聖杉林（sacred Cedar Forest）的經過（「第三天時，他們走到了黎巴嫩附近」）。他們在那裡和杉林的守護神胡姆巴巴（Humbaba）進行激烈的搏鬥。激戰結束後，兩人把所有的樹木都砍下來，造了一艘大木筏，並為尼普爾城（Nippur）製作了一面巨大的杉木城門。這則美索布達米亞地區的神話使得黎巴嫩雪松（Cedars of Lebanon）成了古代最有名的樹木。

先撇開神話不談，像夏嘎爾這樣的美索布達米亞陶工，在捏陶的過程中添加泥條時，會把陶器放在蓆子上轉動。當陶器的某個部分已經成形時，他會把蓆子朝右轉動四分之一圈，再繼續盤築，並用他的一雙巧手來讓作品保持勻稱。

夏嘎爾工作時，長子阿蘇通常都會在一旁觀看，並熱切地分析著他的手勢、手指的角度以及動作的協調性。阿蘇從來都不問問題，因為他的任務就是要觀察。製陶這門手藝不是靠語言或圖表來傳承的，而是靠實作與悟性。唯有靠著觀察與思考，而非指導，才能得其精髓。

十二歲的阿蘇除了放牧家裡那一小群山羊、為他們家四周矮牆內的那片菜田澆水，並打理其他雜務之外，偶爾也會學父親製陶。就像所有新手一樣，他最初的作品形狀都不太規則，看起來笨拙且乏善可陳。對他來說，要讓那一圈圈泥條保持一致，做出一個形狀美好的陶罐往往是一件很不容易的事，但他仍一再嘗試。讓他感到挫折的是，每次在作品上添加一截泥條，就必須把蓆子轉動四分之一圈。他心想：「一定有一個更好的方法。」

事實上，早在一百多年前，某個心靈手巧的匠人就已經發明了一個更好的方法：轆轤（或稱陶輪）。但技術的傳播非常緩慢，一直要到許多年後，這項新的發明才會傳到這座漫天風沙的美索布達米亞村莊。

西元前二九八五年，加州東部

當夏嘎爾正在創造他的傑作時，在西邊大約七千六百七十五哩的地方，發生了一件看起來微不足道而且必定不會有人注意到的事。那是在如今被稱為「加州東部」的一個荒蕪不毛的山區。在不到五百萬年前，一個原本位於海洋數里格[1]之下的隱沒帶在北美洲大陸邊緣形成，將底下的陸地往上牽引，以致大片土地隆起，形成了「內華達山脈岩盤」（Sierra Nevada batholith）。這塊岩盤面積廣大、一望無際，上面覆蓋著一層厚厚的乾燥基質，草木不生，十分荒涼。此區放眼盡是一片耀眼的白土與碎石堆，土壤十分貧瘠，上面那層薄而堅硬的基質被稱為白雲石，是一種淺色的岩石與土壤，大致呈鹼性（pH值大於七點零），富含鈣與鎂，

1 編按：League，歐洲和拉丁美洲的古老長度單位，通常定義為三英里（僅適用於陸地上），或定義為三海里（僅用於海上）。

但磷的含量很低。

不知怎地，有一粒種子（很可能是被風吹來，或被某隻動物帶過來的）落腳在這片險惡的土壤中，其所在位置正好位於那層薄薄的白雲石下方，對它有利。在有了適量的水分和陽光後，這粒種子便在體內遺傳密碼的驅使下，一如它的祖先與後代一般，開始了一場生命的旅程。當春天到來時，溫暖的天氣使它體內的酵素獲得了能量，開始分解子室內的營養組織。接著，種皮便裂開了，一條初生根從裡面長了出來，進入了一個充滿陽光的世界。現在，它可以進行光合作用了。於是，新生的幼苗便開始自行製造養分，開始了漫長的一生。

現今

天空一如綠松石般燦爛，映襯著內華達山脈那白雪皚皚的峰頂。我的左右兩邊都是濃密的綠色針葉與扭曲的樹枝。我走過一條蜿蜒的山徑，在山頂駐足，只見四周都是枝幹粗糙的古老林木，像哨兵一般挺立在這座由崩解的白雲石和岩屑構成的山坡上。這裡看不到任何一隻鳥，彷彿這片物種稀少、環境嚴苛的土地並非鳥類的國度。但我的注意力都放在那些樹木上面。它們是演化過程中的強者，極力抵抗這個嚴酷無情的生態系統，適應環境中各種嚴苛的考驗。

這裡是加州東部白山山脈的古代刺果松森林，而我之所以前來，是為了要就教於地球上最古老的幾個生物，與它們交流。這些樹木自從蘇美人與埃及人發展出文字（西元前二六〇〇年）、英格蘭出現巨石陣（西元前二四〇〇到二二〇〇年）以及希臘克里特島的銅器時代（西元前三二〇〇年）以來，便生長在這幾座荒蕪的山峰上。其中有許多棵樹早在吉薩金字塔開始興建、馬來西亞引進稻米或蘇美的第一王朝掌權的數百年前便已經在此地站穩腳跟了。

此刻，我周遭的這些樹木大多已在這處山區屹立了幾千年。當幾個早期的人類文明正在遠方的大地上興起或衰亡時，它們早已在這裡取得了優勢地位。事實上，刺果松的木材比任何一位古羅馬抄寫員或現今那些熱衷推特的人士都更加忠實地記錄了地球的歷史。它們是古代歷史的書寫者，記錄了各種有關氣候、地質和植物的資料，那古老的木材和被太陽晒得乾枯的斷枝上儲存了許許多多的訊息。曾經在這座古森林待了很長一段時間的作家馬克．施倫茨（Mark A. Schlenz）表示，刺果松往往長在其他大多數植物都無法存活的棲地上。他在《古刺果松森林中的一天》（*A Day in the Ancient Bristlecone Pine Forest*）這本書中指出，即使是在其他樹木所無法忍受的環境（包括高海拔、有如沙漠般乾燥的土地、刺骨的寒風、暴雪、零度以下的氣溫、貧瘠土壤和極度的日晒）中，這些不屈不撓的樹木仍舊可以活得好好的。

在這一章中，我們將把焦點放在大盆地刺果松（*Pinus longaeva*）上面。它是美國西部三種長壽的松樹之一，主要生長在加州東部、內華達州東部以及科羅拉多州西邊的山坡上，被視為全球最古老的樹木，並以此而聞名。它們的兩個親戚知名度雖然略低，但也很長壽（只是壽命不像大盆地刺果松那麼長），其中包括洛基山刺果松（*Pinus aristata*）和狐尾松（*Pinus balfouriana*）。前者生長於科羅拉多州和新墨西哥州北部，後者分布於加州中部和北部。

那天早上，我從加州的大派恩鎮（Big Pine）——此鎮位於乾燥的歐文斯谷（Osens Valley），介於內華達山脈和白山山脈之間，人口只有一千八百七十五人——出發，沿著美國三九五號公路前行。只見左側的遠方，有一連串鋸齒狀的山峰矗立在灼熱的天空下。山峰高處，在陽光照不到的之字形溝壑中散布著一堆堆髒污的積雪。

三九五號公路穿過派恩鎮的北邊，道路兩旁都是一些長在貧瘠土壤上的植物。在六月初的這個早晨，公路被陽光晒得發燙。我把方向盤往右轉，沿著一六八號州道往上開。這條公路是昔日採礦時期的收費道路。沿著此路往上開，便可抵達海拔七千三百一十三呎處一座灌木叢生的高原：「雪松台地」（Cedar Flat）。

這條路像是一條蠕動的巨蛇，盤繞著山坡，一路彎彎繞繞、蜿蜒向上，還不時冒出一個急轉彎。我得全神貫注，隨時準備踩煞車，才能順利開過那些彎道與陡坡。

最後，我終於開到了山隘頂，將車子左轉，開上那條十哩長的柏油路。這條路沿著山坡蜿蜒，通往海拔超過一萬呎、氧氣稀薄的高處。在此請容我說明一下：在接近海平面的地方，空氣中的氧氣比例是百分之二十點九。但在海拔一萬呎的高處，此一比例便降至百分之十四點三。對尚未適應這種環境的人（例如某些作家）而言，這將大大降低他們每一次呼吸中的氧含量以及血氧濃度。

這條路在古老的山坡上彎彎拐拐、高高低低的盤繞，往北方行進。路旁的小丘和露出地面的岩石旁邊不時可見一叢叢的灌木與矮樹。

終於，距離公園入口只剩最後三哩路了。此時，路邊偶爾可以見到幾株長在一起的刺果松，像古代的哨兵一般頂天而立。它們自從數千年前便雄踞在這座山坡上，而且只要氣候許可，未來仍將屹立不搖，堪稱生物學和演化史上的奇蹟。

儘管這些刺果松已經在此存活了幾千年，但一直要到一九五三年，樹齡學家艾德蒙・舒爾曼（Edmund Schulman）一次偶然的發現，它們的年齡才為世人所知曉。舒爾曼和他的同事弗瑞茲・文特（Frits Went）在愛達荷州的太陽谷（Sun Valley）做研究時，偶然發現了一棵已經一千六百五十歲的柔枝松（*Pinus flexilis*）。他們心想，該處的山區可能還有更多尚未被發現的古老樹木，於是在返回加州帕薩迪納市（Pasadena）途中便決定繞道前往白山山脈，看看那裡的高山上是否如傳說中所言，有好幾棵很老的樹木。他們抵達後不久，便找到了被當地護林員稱為「元老」的一棵刺果松。他們從這棵樹取得的樣本顯示它只有一千五百歲。儘管這樣的年紀並不如他們所預期，但卻在心中埋下了一粒希望的種子。他們心想，說不定在山區可以找到年齡比它大得多的樹木。

舒爾曼出生於一九〇八年，在布魯克林區長大，最後搬到了亞歷桑納州。一九三二年時，他被亞歷桑納大學的天文學家安德魯・道格拉斯（Andrew E.

Douglass）聘為助理。當時，道格拉斯正透過分析年輪的方式研究太陽黑子週期與氣候變化之間的關係。在此之前，他曾經用樹木的年輪推斷新墨西哥州查科峽谷（Chaco Canyon）的古普韋布洛人（Ancestral Puebloans）集會中心的普韋布洛波尼托（Pueblo Bonito settlement）聚落的年代。這項發現改寫了美國西南部的古代史。因為這項研究，道格拉斯獲得了一筆經費，讓他得以於一九三七年在亞歷桑納大學成立「樹木年輪研究實驗室」（Laboratory of Tree-Ring Research）。

當時，舒爾曼正在斯圖爾德天文台（Steward Observatory）擔任天文研究助理，其後又接任《年輪學報》（*Tree-Ring Bulletin*）的編輯。一九四五年時，他成為專任教授，並在「年輪研究實驗室」工作。由於這份工作的緣故，他認為自己有必要重回白山山脈。於是，他和助理佛古森（C. W. Ferguson）便在一九五四年和一九五五年時，兩度前往該區。他們發現那裡最老的幾棵樹都生長在非常極端的環境中，且大多位於海拔一萬呎以上的山區。最令人驚訝的是，它們所在的位置都不適合生存，不僅缺乏植物賴以存活的土壤，氣溫變化也很劇烈，水分更是稀少。

在調查的過程中，舒爾曼從此地的樹木身上取得了許多木芯樣本。正是在這段期間，他冒險進入一座刺果松林（如今被稱為「舒爾曼樹林」），從其中一棵扭曲多瘤的樹木身上取下了一份木芯樣本，然後就回到營地去計算年輪。他數了又數，數了又數，一直到晚上才總算數完。他發現，根據那些年輪的數目推算，這棵樹是在西元前二〇四六年萌芽的。你應該可以想像：當他意識到自己發現了世上第一棵已知活了超過四千年的樹木，且至今仍然健在時，心中有多麼訝異與歡喜。這是科學上一個無比重大的突破。後來，舒爾曼將那棵樹取名為「第一松」（Pine Alpha）。

其後，他陸續又在同一個地區發現了許多這樣的松樹。在那之後的幾年間，他們又做了更多的研究，結果顯示：這座樹林中有幾十棵年齡在三千歲到四千歲之間的樹木。在整座古代刺果松森林中，更有多達十九棵樹木已經超過四千歲了。

這十九棵樹早在埃及的「中王國時期」開始（西元前二〇四〇年）以及美索布達米亞的蘇美文化終結（西元前二〇〇〇年）時就已經萌芽了。

一九五七年，舒爾曼又回到白山山脈，在更多的樹木身上取樣。他在那裡發現了一棵被他暱稱為「瑪士撒拉」（《聖經》中的一個人物，據說活到九百六十九歲）的樹木。他估計，這棵樹的真正年齡應該接近四千六百歲，因此，他稱瑪士撒拉為「世上已知最古老的生物」。其後，樹木年輪研究實驗室的湯姆·哈藍

（Tom Harlan）又從瑪土撒拉身上取下了更多的樣本，並加以分析。結果發現，最裡面的那道年輪是在西元前二四九一年長出來的。因此，直到二〇二三年時，瑪土撒拉就已經四千五百一十四歲了。舒爾曼在過世前宣稱：「當我們能夠充分了解這些樹為何能活這麼久時，或許就能夠逐漸了解所有生物長壽的祕密。」

自從被認證為老樹後，瑪土撒拉依舊聳立在古代刺果松森林那條長四點五哩的「瑪土撒拉小徑」上，而且欣欣向榮。目前，它的高度已經超過五十呎，而且枝葉依舊繁茂，也還會結出毬果。它生長在海拔將近一萬呎的山上，曾經有幾年的時間，林管處樹立了一面顯眼的牌子，標明它的身分。但後來，為了防範那些喜歡喜歡破壞文物或從歷史、科學物件上拿走一些紀念品的人，他們已經不再透露樹木確切的位置。如果你向遊客中心的護林員詢問瑪土撒拉在哪裡，他們只會對你微微一笑，並且可能會告訴你：「沿著那條小徑走的時候要仔細看，等到往回走的時候，就會知道你已經見過它了。」

但更令人訝異的或許是森林裡另外一棵迄今尚未被命名的樹。一九五〇年代末期，舒爾曼從這棵樹上取了一份木芯樣本，但在他過世之前從未有機會測定其年齡。在舒爾曼死後許久，湯姆．哈藍（Tom Harlan）才進行測定，結果發現到二〇二三年的生長季為止，這棵樹已經五千零七十三歲了。這表示它在西元前三〇五〇年左右就已經發芽了。當時人類才開始發展出一套書寫系統，名為楔形文字，古埃及的早王朝時期才剛開始，住在現今美國西南部地區的民族才開始種植玉米。因此，這棵樹確定是世上最老的一棵有性生殖樹（無性生殖樹指的是那些能夠透過無性複製過程拓展種群的樹木。這種樹木最初都起源於單一祖先樹，因此其遺傳因子也和祖先相似。理論上，一棵無性生殖樹能夠持續繁衍的時間長達數百乃至數千年）。目前，這棵樹所在的地點也被列入保密範圍。

這些樹木的年齡固然令人訝異，但同樣令人訝異的是：比起活著的樹，那些已經枯死的刺果松甚至可以提供更早期的資料。這是因為在該處山區惡劣、嚴寒、乾燥的環境中，那些已經枯死並倒地的刺果松可以保存數千年，不會腐壞，因此，年輪中就會蘊藏著有關過去的天氣模式、氣候狀況、環境變遷、火山爆發、火災乃至洪水的資料。科學家們只要找到刺果松活樹的年輪模式與枯木相似之處，就可以窺知從最後一個冰河時期到今天，在氣候和環境上所發生的各種變化，從而確認大約一萬一千年來在地球環境中發生的一連串事件。

更值得注意的是，刺果松的年輪已經改寫了歷史。舉例來說，一九六〇年代，一群考古學家藉著測量古代文物中碳同位素的放射性衰變來推定歐洲文明的起始，但他們並未根據地球大氣中碳濃度的週期性改變來調整他們所測出的數據，而刺果松的木材則提供了一些樣本，讓科學家們可以做出準確的判斷。他們藉著計算年輪的方式推定那些刺果松的年紀，然後再測量樣本中碳十四的數量。結果發現，放射性碳定年法所測出的年代比實際的更晚。於是，他們便煞費苦心地訂定一個校正因數，以修正之前所用的定年法的誤差。

其後，那些考古學家又重新檢驗並修訂在計算刺果松的年輪之前所得出的錯誤的碳十四數據。結果，他們發現在歐洲出土的一些文物，實際年代比他們原先所想的要早上至少一千年。這項修正使得歷史學家必須重新詮釋地中海和歐洲各地文化傳播的過程。

有了刺果松和科學定年法，我們便有了一項工具，可以回溯大約一萬年前的歷史。當時全世界的總人口只有五百萬（如今已經超過八十億），而且人類才開始造出第一批有刀刃的工具。那時的地球仍處於舊石器時代晚期，長毛象、劍齒虎和大地懶還在北美大陸上遊蕩。

誠如我在序中所言，樹齡學是藉著分析樹木年輪的模式來測定樹木年紀的一門學問。樹齡學家能夠準確地測量出樹木每一道年輪形成的時間，而且往往可以算出形成的年份。這是因為在正常狀況下，一棵活樹每年都會長出一圈年輪，但在極端的情況下，例如遇到明顯的乾旱時，新長出的年輪可能會變得很細，有時甚至完全不長。除此之外，毀滅性的森林大火也可能會影響年輪的外觀。最靠近樹皮的年輪都是新長出來的，最接近樹芯的則是最早長出來的。

亞歷桑納大學樹木年輪研究實驗室的科學家們在鑑定樹木年齡時，使用的是一種名為「骨圖交互定年法」（cross-dating by skeleton plotting）。其方法就是從某個環境條件相似的地區提取幾個木芯樣本，然後逐一比對各樣本的年輪特徵，以便判定每一圈年輪形成的確切年份。他們會把一棵樹的年輪寬度的變化標示在方格紙（即所謂的「骨圖」）上，然後進行交互定年。

樹木的年輪往往會反映出氣候的變遷。在水分很多、生長季節很長的年份，長出的年輪較寬；遇到乾旱、生長季節較短時，長出的年輪較細。因此，只要分析一棵樹的年輪的寬窄度，就可以看出某個地區氣候系統的長期變化，然後再進行比對，看看這些圖紙（每張都代表一棵樹）上是否都出現類似的變化模式。

樹木年輪研究實驗室的年輪氣候學家瓦樂莉．楚埃特（Valerie Trouet）告訴我：樹齡學是唯一能夠揭示人類歷史與環境科學之間交互作用的一門學問，因為它「和生態學、氣候學和人類歷史都有關係」。她研究的是木頭，但也研究氣候史，例如氣候如何影響火災發生的情況、往昔文明的興衰以及人類對氣候造成的影響（尤其是在如今這個「人類世」，人類已經開始改變氣候了）等等。究竟氣候的改變將會對生態系統和人類產生什麼樣的影響？這是樹齡學家目前亟欲探究的問題。

我把車停在古代刺果松森林的遊客中心附近。下車後，我揹上背包，喝了一大口水，便抬頭看著前面的山。在夏日陽光的照射下，景物顯得異常鮮明，眼前的成千上百棵樹木簡直纖毫畢現。從停車場處走上一座山坡後，便到了「發現小徑」（Discovery Trail）的起點。這條步道共一哩長，錯綜複雜，前面一半沿著山坡往上爬升約三百呎。走在這條路上，你會經過一九五〇年代舒爾曼所發現的許多刺果松，因此它是名符其實的「發現小徑」。

這個高度的山區盡是刺果松的天下。觸目所及，盡是雄偉莊嚴的老樹。大盆地刺果松通常生長在海拔七千兩百呎到一萬兩千呎之間的地區，因此這裡很適合它們。事實上，我沿著這條灰塵瀰漫、遍地岩石的小徑才走了五十碼，便看到了一棵倒下的古木。它死時已經超過三千兩百歲了。這個數字固然驚人，但最重要的是：這棵樹死亡的時間大約是西元一六七六年。換句話說，它是在西元前一五二四年左右萌芽的。當時埃及的第十五個王朝即將結束，貝里斯的馬雅文明才剛剛興起，腓尼基人也才剛發展出一套字母。我走近這棵樹，細細檢視露在外面的枝幹和根部，發現有許多圈年輪緊密相連。後來，我才知道有許多刺果松都有這樣的現象：僅僅一吋寬的木材中就有一百多圈年輪。這顯然顯示：對它們而言，乾旱並非偶然出現的氣候異常狀況，而是生活的常態。

我緩緩用雙手摩挲著那已經風化的外表，緬懷它那漫長的一生，並對它的耐力感到訝異。這棵刺果松雖然巨大、堅硬、粗糙，但隨著時間的流逝，終究還是會腐爛。不過，以它堅韌的程度，大自然要加以分解可不容易。那將會是一個非常緩慢的過程。

向這棵枯樹致敬後，我便繼續前行。當我費勁地爬坡時，腳下不時揚起一陣塵土。愈往上爬，速度也愈慢。我忍不住想到這些樹是如何撐過這樣漫長的年月，它們當中雖然有許多依然勇猛強健、生機勃勃，但也有好幾十棵已經倒下，散落地面。這些樹雖然已經沒有生命，但仍承載著歷史的痕跡，悄無聲息地提醒我們：在人類到來之前，這片大地是怎樣的一種面貌。

我停下腳步，看著旁邊的另外一棵古樹。它的外觀看起來是如此不協調：枝幹多節、扭曲、乾燥，沒有明顯的生命跡象，但末端卻針葉繁茂、綠意濃密。此外，枝枒和樹幹上有好幾處黑得發亮的斑塊，可能是生病或晒傷的跡象。那有如火燒一般的模樣，讓我想起一塊烤得過頭的紅屋牛排。然而，這棵樹雖然有一半以上的部位看起來好像已經枯死，卻仍然活著，展現出頑強的生命力。接著，我注意到那些表淺的、露在外面的根。為了抓住山區稀少的雨水，大多數刺果松的根都很淺，而且主要是在春天冰雪融化、土壤溫度上升時生長。秋天時，如果有足夠的水氣，它也會再度長根。在滿布岩石的地面，刺果松的根會緊緊圍住附近的大石頭，把自己牢牢地固定在上面。同時，它們也會伸進細小的土壤裂縫和小溪流中尋找水分。一般說來，它們並沒有主根，取而代之的是有如巨大的章魚腳一般、從樹幹基部往四面八方伸展的側根，有些側根甚至長達五十呎。由於山坡上的土壤經常受到侵蝕，我放眼望去，到處都可以看到彎彎曲曲有如蛇一般的根裸露在山坡上。

樹木長在山上時，勢必會面臨土壤侵蝕導致地貌改變的問題。其中最主要的作用力是來自雨水與冰雪，但重力也是一個因素，緩慢而穩定地使山脈往下移動。我環顧四周，發現在許多裸露的樹根上都可以看到數千年來土壤不斷受到侵蝕的痕跡。在附近一棵樹的根部甚至還可以看到原本的土壤線。此外，它的南邊已經有將近三呎的土壤被水沖走或被風吹走了，以致主要根系有一大部分都裸露在外。當一棵樹長在山坡上時，如果有一側的土壤流失了，它可能就會變得不太穩定，最終甚至可能會倒下。然而，眼前這棵樹的根卻攀住了山坡上方的一塊大石頭，抵消了重力所造成的影響。或許它還可能屹立數百年之久。

有趣的是，土壤與岩石因重力而下滑的現象是持續、穩定地進行的，可以測量，而這一帶山區平均的侵蝕速率是每一千年大約損失一吋厚的土壤。因此，有些科學家就根據這點，藉著測量確切侵蝕量的方式來估算古樹的年齡。我決定也用我的手掌長度——我知道是八吋——為測量工具，粗略地估算一下這棵樹的年齡。我靠著山坡，找到樹幹底部顯示土壤最初所在位置的那一圈明顯痕跡，然後沿著樹幹的南邊，一個手掌一個手掌地往下量，量出的結果是五點五個手掌長，也就是大約四十四吋，因此，根據我的粗略估計，這棵老樹已經將近四千歲了。

對山上的樹木來說，根部裸露的現象是不可避免的，而這也為它們帶來了一定的風險。裸露的地方很容易遭到各種病蟲害的感染，造成致命的危險。真菌、木腐菌和好幾種寄生蟲都可能會入侵樹根裸露的部位，減損樹木的壽命。有些樹醫生甚至認為，根部裸露是導致古樹死亡的主要原因。

我繼續往前走了幾步，轉了幾個彎，並爬了一段上坡路之後，便來到了位於發現小徑最高處的一座狹窄岩架。我坐在和小徑平行的一根老木頭上，眺望眼前這幕壯麗的風光。我右手邊是一座迤邐綿延、白雪皚皚的山脈，腳下的深谷裡則是一大片起伏有致的黃褐色灌木叢。此處空氣冷冽清新，放眼望去盡是一座座老樹林。早在玻里尼西亞人橫渡太平洋，發現夏威夷群島（一二一九至一二六六年）之前，早在耶穌基督誕生（西元前六至四年）之前，早在學校裡所教的古代史發生之前，它們就已經生長在這裡了。

刺果松之所以能夠在這樣荒涼的山區存活，有兩個很重要的環境因素。首先，白雲石的顏色很淺，所以能夠反射的陽光遠多於低地庭園的腐殖質，因此，這裡的土壤比較涼爽，有利刺果松的種子發芽（這部分我們稍後還會詳談）。對刺果松以及其他數種植物而言，周邊土壤的溫度會影響發芽率。基本上，每一種植物都有自己偏好的土壤溫度，而刺果松「喜歡」涼爽一點的土壤。

白雲石還有另外一個也很重要的好處，尤其是對刺果松而言。比起其他許多種土壤，白雲石土壤能夠蓄積更多水分。由於土壤的保水量較高，因此刺果松的整體發芽率便提高了。除此之外，在遇到長期乾旱的時候，這樣的土壤也能提供樹木它所儲備的水分。

這一路我經過的地方都乾燥、荒枯，鮮少水分。事實上，白山山脈平均每年降雨量只有十二點九吋。刺果松最顯著的特徵之一就是耐旱，除了那些有如枝幹般四處伸展的淺根能夠最大程度的吸收水分之外，蠟質的針葉及葉表厚厚的角質層也有助保水。大多數松樹每四到六年就會換一次葉子，但刺果松可以持續三十五年以上都不必換葉，而且這段期間的老葉仍然能夠充分發揮應有的功能。事實上，就連長了將近四十年的老針葉都還能夠調節水分並行光合作用，因此，刺果松可以節省大量的生長能量。

這樣特殊的環境也讓我們學到有關競爭的功課。由於土壤貧瘠，其他外來植物無法和刺果松搶奪空間與養分。事實上，那些被園藝人士視為不可或缺的肥沃土壤，往往會吸引更多的物種入住，製造更多的競爭。相形之下，貧瘠土壤所造成的物種競爭往往會少很多。大多數植物都無法忍受強鹼性的白雲石土壤，但刺果松卻適應得很好。大致上來說，它們在此地沒有任何對手。

在這裡，環境非常寧靜，與山下那個充滿各式噪音（例如震耳欲聾的音樂、建築工地的聲音、嘈雜的工廠、隆隆作響的柴油引擎、超音波的干擾以及刺耳的都市噪音）的環境有著天壤之別。這裡無論人與樹都得以沐浴在寧靜的氛圍中。我心想，刺果松顯然也喜歡遠離文明的地方。

休息、沉思了一會兒之後，我再度揹上背包，把小徑的最後半哩路走完。下山時，我經過山坡上的幾座小樹林。樹林間的地上散布著大堆朱紅色的岩石。這些粗糙的石塊是石英岩，是變質熔融砂岩在漫長的地質年代中，隨著古老的山脈從海裡抬升，再經過億萬年的時間被風雨和冰雪逐漸侵蝕、裂解。那粉、紅相間的顏色，源自裡面數量不等的氧化鐵（鐵鏽的主要成分）以及其他礦物雜質。

走完小徑後，我便在一張野餐桌旁坐了下來，吃著午餐，思索自己在這裡的意義。我想，在這些歷經千年挑戰仍然健在且充滿韌性的巨樹之間，我只不過是個蜉蝣一般的過客，一個微不足道的闖入者。

造訪了發現小徑之後，當天我又頂著炎熱的豔陽踏上四點五哩長的瑪土撒拉小徑。這條步道位於遊客中心後面的山丘上，視野開闊，沿途的刺果松樹林也一座比一座大。由於剛開始的那段路很陡，我出現了一些高山症的症狀：頭部微微作痛，呼吸有點吃力。走了不到一哩，我便在一棵莊嚴的老樹旁停下來休息。我恭敬地撫摸它的樹皮，感覺那表皮如同老房子上面的舊木瓦一般，乾燥且飽經風霜。在歷經多個世紀的風吹雨打、日晒霜凍之後，樹皮的質地變得異常粗糙，觸感有如沙粒。樹頂有一些短短的綠色嫩枝，顯示這棵樹雖然有百分之九十五的部分已經死了，但大體上仍然活著。細長光禿的枝枒、有如刺蝟般空落落的樹頂、沒有樹皮的主枝，以及裸露在外的根部，在在顯示它承受了多少的艱辛。

走著走著，我發現這條小徑上的樹木其樹幹和枝條枯死的比例高得驚人。那些樹看起來往往像是由乾枯的樹幹以及扭曲、糾結、裸露的根部所組成，四周的環境看起來也了無生機，但在這些樹的根部和莖幹之間，大多還被一條條細細的活組織所連通，得以把生存所需的養分和水分，送到頂端或低處的枝枒上那些稀疏的葉子裡。

又走了一段路之後，我在兩棵比鄰而立的樹前停下腳步。其中一棵看起來老邁糾結，枝幹光禿，也沒有樹皮，無疑已經死去；另外一棵的枝頭點綴著一簇簇濃密的綠色針葉，看起來仍然活著。已死的那一棵樹形扭曲多瘤，細長多節的枝枒往四面八方伸展；活著的那一棵則稍微往左傾斜，枝條末端仍有大約百分之十五的松針。兩者都豪氣十足的站立在山坡上。事實上，它們已經在這裡佇立了千百年，而且當年或許是同時發芽的，兩、三千年來都承受了無數的艱難與風雨。其中一棵不敵光陰的摧殘，終於死去，另外一棵看起來也朝不保夕。然而，它們之間還是有著連結，彼此就像夥伴一般，共同對抗大自然的力量。

補充了一些水分，又沿著一座淺谷往下走了數百步之後，我在小徑上停下了腳步，以便拍攝另外一棵樹。這棵樹就像附近的幾棵一樣，看起來生機盎然。我用手指撫摸它的針葉，發現不僅柔軟，還充滿能量與生機，就像生長在低海拔地區的那些松樹一樣。這棵樹還很年輕，現在或許只有幾百歲，但等到現在地球上的每一個人都死去之後，它們還是會活著。

刺果松長得很慢。有一位研究人員曾經指出，平均來說，一株四十歲的刺果松「幼苗」大約只有六吋高。其他一些研究則發現，有許多刺果松其樹幹直徑每一百年只增加約一吋。置身於惡劣環境中的成熟刺果松，往往在長到十五到三十呎之後就不再長高了。一九九八年，有一群科學家研究了一些可能會影響刺果松老化的因素，結果發現，所謂「衰老」的概念（即生物隨著年齡而逐漸退化的現象與過程，包括細胞失去分化與生長的能力）可能不適用於刺果松身上。它們往往每年都會長出少量的新生組織，但最重要的是，這些新長出的木頭不僅堅硬、充滿樹脂，而且還非常能夠抵抗那些會殺死松樹的小蠹蟲、黴菌、真菌和腐菌。簡而言之，刺果松的外表即使已經出現好幾個老化的徵兆，但它們實際上還活著，而且生機蓬勃。就許多方面而言，刺果松的老化只是它們對抗環境的一種表現。

瑪士撒拉小徑小徑彎彎曲曲，起起伏伏。刺果松的外觀也是如此，在歷經千百年強風、乾旱、水分和養分的劇烈變動後，枝條都已經變形扭曲，根部也歪歪扭扭，樹幹更是捲曲盤繞。

接下來的一個小時左右，我所經過的山坡全都長滿了這些神祕超凡的老樹，看起來非常壯觀，每一棵都頑強而堅定地地抓住腳下的土壤。儘管幾千年的風沙和冰雪已經磨蝕了它們的樹皮，在它們身上留下了刻痕，阻礙了生長，但在這片很少植物能夠存活的土地上，它們仍然欣欣向榮，不愧是第一流的生存高手。

對大盆地刺果松而言，時間並非敵人，而是友伴。

CHAPTER

2

長者的國度

俗名 大盆地刺果松

學名 *Pinus longaeva*

年齡 一千五百歲以上

地點 加州白山山脈，古代刺果松森林

西元五二二年，中國北方，山西省——北魏

尹蕙蜷縮在她那間小泥土屋的一個角落裡。這間屋子的面積只有十呎見方，是在一座小山坡上開鑿而成，還住著丈夫、兩個女兒以及她的母親。他們在屋內炊煮，吃的都是當時一般人家常吃的食物：羊肉、米飯、杏桃、根莖類作物、栗子、兔肉，以及從附近河流裡捕撈的鯉魚。

附近的山區森林茂密，各色樹木都有。在比較潮濕的北坡，有榛樹、楞樹、槭樹和椴樹；在較為乾燥的南坡，則大多是松樹、皂莢樹、橡樹和鼠李。但數百年來，由於人口愈來愈多，為了種植莊稼，滿足糧食需求，人們必須開懇耕地，於是原本廣大的森林面積便日益縮減。如今森林僅占該省土地的大約五分之一。

尹蕙是在村落的一次慶典中遇見丈夫冉年的，當時倆人都是十三歲，村裡的老一輩都看得出來，他們的感情必然會開花結果。於是，在尹蕙十六歲那一年，他們結婚了。當地村民和鄰村的人都參加了婚禮。

然而，有一年春天，河水洶湧險惡，冉年不幸被暴洪沖走。人們在河川下游找到了他的屍體並送到村中的廣場上。尹蕙失聲痛哭。一連許多天，村裡的氣氛都很低迷。最後，終於到了下葬的日子。尹蕙穿上一襲素色的長袍，左手的無名指上戴著她的金屬婚戒。然後，她便蹲在小屋的黃土地上，用一把刀刺進了自己的心臟。

家人知道這對夫妻彼此情深意重，便將他們放在同一個墓穴裡，面對著面，並將尹蕙的頭靠在丈夫的左肩上，又讓他們的雙手摟住彼此的腰，然後才小心而恭敬地以泥土與石塊覆蓋遺體。之後，家人又舉行了一個儀式，以莊重的舞蹈與徐緩的鼓聲讚頌他們永恆的愛。這對夫婦就這樣躺在一起，相擁著進入來世。這是他們的愛情最極致的展現。

一千五百年後，有人在山西省的一處合葬墓地發現了一個成年男性和一位成年女性的骨骸。二〇二一年六月發表在《國際骨質考古學期刊》（*International Journal of Osteoarchaelogy*）的一份研究報告指出，科學家們發現他們彼此深情地擁抱在一起。那個女人左手的無名指上還戴著一枚金屬戒指。

西元五二二年，加州東部

在山西省這對夫妻下葬的同時，東邊六千一百六十四哩的一個地方，一株幼苗在一片崎嶇不平的白雲石土壤上紮了根。正如我們在第一章所談到的，白雲石是一種很原始的基質，由沉積在史前時期海洋底部的生物遺體、沙子和淤泥所構成，並在大約六億五千萬年前形成了沉積層。而後，在大約三億五千萬年前，一連串漫長而複雜的地質變動開始了。由於太平洋與北美洲這兩個構造板塊彼此強烈碰撞，原本的海底陸地在交疊後形成了斷層，並且被推升到海拔一萬呎之處，形成了一座又一座的山脈。事實上，白山山脈之所以得名，正是因為這裡遍布著色如粉筆的白雲石。

據考古學家判定，美洲原住民曾經在這片荒涼的山區居住了一萬多年。第一個實體證據便是他們在山區各處發現的好幾個用岩石堆築的簡陋居所。其年代至少可以回溯到西元前二五〇〇年。那是當時的獵人們在搜尋山上羊群和鹿隻時的藏身之處。後來的原住民則把收成的種子儲存在山區的各個營地中。

這片廣大、荒涼的土地在陽光下閃閃發亮，除了偶爾有些小樹之外，很少看到低海拔地區常見的各色植被。岩石之間與裂縫之中偶爾可看到一些枯木的碎片。那些仍然活著的樹木則有著深綠的枝葉，和周遭亮得刺眼的白土形成了鮮明對比。

然而，當年那株幼苗並未倒下。它克服了這個惡劣環境的種種考驗與磨難，一公分、一公分地慢慢長大，並在其後的千百年中存活了下來。

現今

在前一章中，我描述了最初造訪古代刺果松森林時所目睹的情景。在那段期間，我撥出了一整個上午的時間，前往森林的另外一區：「元老樹林」（Patriarch Grove）。這座樹林位於公園的遊客中心以北十二哩處，土質非常乾燥。

樹林位於一條小徑的終點，路途顛簸、彎曲，而且路面遍布岩石，以致我只能開著租來的汽車以每小時不超過二十哩的速度前進。我全神貫注地看著前方，握住方向盤，開了四十分鐘，骨頭被晃得都快要散掉後，才抵達林木線的最上端。這裡的海拔高度為一萬一千兩百呎，植被稀少，荒涼的程度一如科幻電影中那些遙遠的星球。

我走到一處有如天然圓形競技場般的地方，從這裡往四面八方看過去，景色無不壯闊美麗。我的左手邊是幾座雄偉的山脈，綿延數百哩之長，直到很遠處才消失在我的視線中。靛藍色的地平線清楚分明，將大地上的風景映襯得更加突出。儘管時序已入六月，附近的一座山坡上仍然覆蓋著大片純白的雪。此刻我置身的地方，就是那棵雄偉的「元老樹」（Patriarch Tree，全世界最大的一棵刺果松）所在之處，而它發芽的時間約莫就是冉年與尹蕙過世之時。

元老樹雖然只有四十一呎高，卻巨大無比。樹幹是複合式的，由六根較大的樹幹與三根較小的樹幹所組成，上面溝槽密布，周長共三十六呎。大多數的樹幹是直立的，但有幾根在歷經千百年的風雪之後已然彎曲，往各個方向傾斜，看起來很不規則。它的四周有一群體型較小、也年輕很多的樹，彷彿正默默地向它致敬，如同朝臣在向國王頂禮一般。

站在這棵巨大的老樹前面，我發現由於土壤侵蝕的緣故，底下那些粗細不等的根已經裸露出來。或許是因為這個緣故，那些根才會合在一起，形成已死的組織與活組織互相交纏、有如辮子般的形狀。樹木上端三分之二的地方覆蓋著短硬濃密的綠色枝葉，猶如一頂綠寶石製成的皇冠。

這棵元老樹是歲月的象徵。它矗立在無垠的天空下，雄偉壯觀，光彩照人，枝枒交錯，針葉青翠濃密。我所拍攝的照片根本不足以呈現它的美，但光是為了這一棵樹，此行就值得了。它是樹木界的一尊雕塑，與最頂尖的人類藝術作品相較，毫不遜色。

我繞著這棵樹緩緩地走了一圈，以觀賞它的全貌。期間，我屢屢駐足聆聽，看看周遭是否有其他生物，但卻沒有聽見任何聲音。那裡只有我一個人，沒有鳥類的鳴唱，沒有昆蟲的叫聲，也沒有其他人。四下一片寂靜。一千五百年來，這棵樹一直默默地站在這裡。如果運氣好，說不定還可以再矗立一千五百年。

最初，元老樹之所以受到矚目，要歸功於一九五八年舒爾曼發表在《國家地理雜誌》的一篇文章，此後這棵樹便一舉成名，被視為全球最大的一棵刺果松。元老樹雖然年紀不大，卻很重要，因為它也是環境變遷的一項指標。

「元老樹林」一帶的樹木年齡只有「舒爾曼樹林」的一半，而後者所生長的地方其海拔高度比前者低了大約一千呎。看來，刺果松似乎是在最後一個冰河期（結束於大約一萬兩千年前）時，被迫遷移到海拔較低、氣候較堪忍受的地方。但當地球逐漸開始回暖時，樹木又開始回到海拔較高之處，而其頂點就是元老樹林一帶。因此，比起海拔較高處那些「新生」的樹木，海拔較低處的樹木已經生長了更長一段時間，尤其遊客中心一帶的刺果松，年齡更是大得驚人。

關於刺果松的遷徙，另一個有趣之處：林木線的上限是由氣溫而非雨雪量決定的。由於全球各地的氣溫不斷上升，刺果松被迫加速往山坡上方以及「元老樹林」一帶遷徙，使得這些地方出現了一些年齡較輕的樹。似乎這些海拔較高的地區比較適合刺果松生長，就像那些住在冬季嚴寒之地的美國人會往南遷徙到佛羅里達州避寒一樣，這些樹在氣候變暖時，也會往更高處「遷徙」。除此之外，小蠹蟲之類的昆蟲也已經遷移到高海拔地區。這些跡象在在顯示：白山山脈的氣溫正逐漸變暖。

在像元老樹林這般氣候嚴峻的地區，種子很難生根發芽。刺果松的種子掉下來時，如果沒有風，通常會在空氣中緩慢向下旋轉落地；風很強時，種子則會被吹到岩石或樹幹上，然後再掉落地上。根據盛行的風向來看，也可能會被吹到好幾哩以外的地方。就像其他許多種松樹一般，刺果松的種子一旦落地，就很容易變成鳥兒或小型哺乳類動物的食物。除此之外，在這般乾燥、惡劣的環境裡，它們也很容易脫水。

然而，並非所有種子都要靠著運氣才能發芽，有些鳥——例如在刺果松生長地經常可以看到的北美星鴉（Clark's nutcracker，學名*Nucifraga columbiana*，有灰、黑、白三色的羽毛，是冠藍鴉的親戚）——就經常會把刺果松果實裡的種子啄下來。為了要收集並運送這些種子，牠們已經發展出了一種嗉囊（鳥類的消化道膨起的一段，用來儲存食物），裡面可以盛放多達一百五十顆種子。牠們會把一部分種子吃掉，並且把剩餘的種子儲存在土壤下一、二吋的地方。秋天時，被埋在不同地點的種子總數可能多達九萬八千個。不過，最引人注目的是，這種鳥具有不可思議的長期空間記憶能力，即使過了九個月，仍然能找到百分之九十自己所埋藏的種子。

被埋在土裡的種子如果沒有被挖出來，就有可能會發芽並長成幼苗。至於那些由星鴉和風力傳布的種子，兩者相較，何者的整體存活率較高，我們並不知曉。我們可能會以為那些被埋在土裡的種子既不會被齧齒動物吃掉，也不會因為暴露在外而乾燥脫水，因此存活率應該比那些由風力散布的種子更高，然而植物學家並沒有明確的證據可以支持這種假設。但我認為這樣的「安排」是生物互利共生的絕佳範例。這是兩種生物自然而然形成的一種關係，使雙方都得以受惠：種子被埋進了土裡，鳥兒則得到了食物。

環繞元老樹的小徑只有四分之一哩長，因此我很快就回到了停車場。喝了一瓶水解渴後，我便背靠著車子往右邊看去。那裡有一條「棉白楊盆地觀景步道」（Cottonwood Basin Overlook Trail）從停車場蜿蜒出去，經過各色巨岩，通往高處一座由岩石所構成、被一群年輕刺果松所包圍的山頂。我把點心吃完後，便踏上這條半哩長的環狀步道，準備登頂。

穿越一片乾旱的土地後，我開始穿梭在一塊塊巨大的岩石中，緩緩爬坡。一路上，我經過了幾處岩架以及一些剛剛冒出頭的小樹。這些樹雖然目前還很矮小，但在我的足印消失於這片塵土飛揚的大地之後，它們仍然會待在這裡至少兩、三千年。

走了三十分鐘後，我爬上最後一塊巨岩，越過它又往上爬了幾呎之後，便來到了步道的頂點。此時，我已經像一架老舊的蒸汽引擎一般，氣喘吁吁了。這是因為此處的海拔高度大約一萬一千五百呎，空氣中的氧非常稀薄的緣故。但儘管精疲力竭，眼前的景色卻讓我覺得不虛此行。無論從哪一個角度看出去，四周的風光都一覽無遺。於是，我就像一個坐在遊樂設施上的小孩一般，刻意緩緩的轉動身子，以便將眼前的美景盡收眼底。

放眼望去，只見四面的山坡上盡是枝幹扭曲糾結的刺果松。地上散布著一塊塊從土裡露出地面的岩石。遠處則是綠、黑相間的偉岸山脈。一朵朵小小的、有如棉花軟糖般的雲朵在天空中飄移，並迅速變換著形狀。近處則有幾座白雪皚皚的山峰，矗立在寶藍色的天空下。所有的景物，無論遠近，在陽光下都顯得顏色格外飽滿鮮豔。

我在步道頂端逗留許久，被眼前這豔麗的風光迷住了，感覺自己彷彿置身於一面巨大的 IMAX 環型螢幕之間，被來自四面八方的色彩撞擊著眼球。如此廣袤、美麗、寧靜的風景，真是一種極致的視覺享受。

我從步道的另一頭連走帶滑下山，經過了一個遍布巨石和裂石的地方。途中，我看到一棵令人印象深刻的枯木，便停下腳步細細觀賞。在歲月和風雨的侵蝕下，這棵樹的形狀宛如一座十字架，而且樹幹、根部和枝條都已經扭曲變形。它雖然已經沒有生命，但在晴朗的加州陽光照射下，身上的每一道裂縫都閃閃發亮，光彩照人。

下山的路上，我又回到了元老樹所在之處，並再度凝神看著它。它雖然比其他幾棵樹年輕許多，但顯然出身尊貴，不僅外形引人注意，更有某種動人的特質，同時也很美。對我來說，它就是長壽與繁榮的象徵。

炙熱的太陽已經開始下沉。在這光禿貧瘠的山上，天色已經愈來愈暗。我上了車，慢慢地沿著那條顛簸的道路開下山。一路上，我思索著這次我和「元老樹」相會的意義。這棵樹在很久很久以前就生根發芽，逐漸長大，並且在這個惡劣的環境中存活了下來。它位於群山的懷抱中，遠離人類的文明。而我，只不過是一個闖入它的神聖居所的過客罷了。

它會一直留在這裡，而我則會繼續前進。

CHAPTER 3 迎擊傾斜天際

俗名　大盆地刺果松
學名　*Pinus longaeva*
年齡　四千八百四十四歲
地點　內華達州東部，大盆地國家公園，惠勒峰

西元前二八八〇年，烏拉圭東南部的拉布拉他平原（La Plata Basin）

卡庫培和阿拉提瑞是好朋友。他們一起長大，在各自的家中住了四十多年，還娶了一雙姊妹，數十年來，這兩個家庭都共同歡度節慶。

他們的村莊位於沼澤地帶，水源穩定而充足。村莊附近有好幾棵樹商陸

（*Phytolacca dioica*），這是一種巨大的常綠樹，原產於烏拉圭和阿根廷。根據當地土著瓜拉尼人（Guaraní）的傳說，造物者土帕（Tupá）賜給樹商陸柔軟的海綿狀樹幹以及很大的樹冠，好讓它們能為動物和人類遮風避雨。除此之外，土帕也賜予它們永生的能力，因此樹商陸可以活上好幾百年。

卡庫培和阿拉提瑞都在村莊周遭的廣大田野裡工作。但現在一場可怕的暴風雨就要降臨，他們必須趕緊把玉米收割完，否則暴風就會摧毀田裡的作物，讓他們顆粒無收。

此刻，玉米桿子已經被風吹得搖搖晃晃，低頭彎腰了。很明顯的，暴風雨即將到來。他們一起幹活，雙手嫻熟又迅速地將玉米一根根採下來，丟進簍子裡，再拿到穀倉去，卡庫培的長女負責把簍子裡的玉米捧出來，迅速分裝到其他幾個簍子裡。

風愈來愈大了，兩個老人不停穿梭於一排排的玉米桿子間，把玉米穗子採下來，裝滿簍子。他們正在和天氣賽跑，而且似乎已居於下風。不久，冰雹落下來了。最初只是一粒粒細小的冰球，但隨著暴風雨開始吹襲這座肥沃的山谷，冰雹的體積愈來愈大，落下的力道也愈來愈猛。卡庫培和阿拉提瑞拚了命趕工，在最後幾排玉米桿子之間大步飛奔，兩人都沒有說話。他們知道眼前該做什麼，沒有時間可以浪費。

此時，正好有一小群村人出現在玉米田邊緣。他們很快便看出兩個老人所面臨的困境，於是二話不說便走到玉米田裡各就各位。風吹著這些人的帽子，冰雹無情地落在頭上，但他們明白，如果損失了這次收成會有什麼後果。於是，他們一個個都盡量把簍子裝得滿滿的。當天空劃過一道明亮的閃電，打中田地的邊緣時，他們也剛好把簍子裡的最後一批玉米倒進穀倉。

西元前二八八〇年，內華達州東部

在烏拉圭（當時那裡仍處於複雜的農業社會）西北大約六千三百零五哩的一個地方，空氣涼爽而乾燥。太陽照在這片乾渴的土地上，有如一位憤怒的神祇決意報復並懲罰眾生。大大小小的生物都躲在巨石底部、乾涸河床的隙縫中以及灌木的枝葉下方。在這片荒漠的大地上，一座覆蓋著冰河的大山——現在「南蛇山脈」（South Snake Range）的一部分——拔地而起，直插雲霄，峰頂便是「惠勒峰」（Wheeler Peak）。此峰之所以得名，是為了紀念十九世紀一位名叫喬治・惠勒（George Wheeler）的探險家。惠勒峰標高海拔一萬三千零六十五呎，是內華達州第二高峰。山上有許多不同的生態區，從古至今一直是各種野生動物的棲息地，如騾鹿、土撥鼠、郊狼和長耳大野兔等等。此處的植被則包括多種山艾樹、針葉尖利的矮松、針葉很短的杜松、枝葉雜亂的山地桃花心木、各種針葉樹、有著紅色樹皮的西黃松、顫楊和枝幹扭曲的松樹。

有一粒種子（可能是被風吹來的、從母樹上掉下來的，或是候鳥帶過來的）掉落在這個山區，並且很幸運地有了足夠的水氣、土壤與充分的陽光，於是便開始發芽，並且在這個惡劣的環境中存活了下來。儘管此地空氣稀薄，它仍年復一年不斷長大。經過一個又一個世紀之後，同時期的植物都死了，它卻靠著自己的韌性與耐力存活至今。

當時，這片廣大的地區是由幾個雨量稀少的盆地、零星的幾座山峰以及幾處鹽灘所組成。由於氣候溫和，這裡終年都有溪水，西黃松也長得很繁茂，尤其是在海拔較高的地區。此外，這裡到處都是低矮的灌木與綿延的綠草地。後來，有幾個被稱為「大盆地沙漠古代民族」（Great Basin Desert Archaic people）的部落移居至此，他們以獵殺騾鹿和羚羊等動物維生，也會採集野生植物，如野韭蔥、野生的裸麥及矮松的松子等等。此外，他們還會用石磨把植物的種子磨成粉，用植物的纖維製成籃子、蓆子、帽子和涼鞋等物，並用獸皮製成衣服和軟幫鞋（鹿皮鞋）。在這段時期的文化遺址中，也可以看到由貝殼做成的珠子，顯示這些部落和西部濱海地區的居民也有貿易往來。

現今

「品夏特州立公園」（Gifford Pinchot State Park）距離我的住所只有四十分鐘車程，是賓夕法尼亞州最美的州立公園之一（賓州共有一百二十四座州立公園，占地超過三十萬英畝）。公園的最大特色是有一座面積達三百四十英畝的湖，湖四周有幾座鄉村風味的露營場、面積廣闊的遊樂設施，還有許多可以野餐的地點。此處遠離塵囂，寧靜安詳，是我們一家人最喜歡的休閒地點之一。從春天到秋天，我們經常前往湖邊，沿著湖岸遊人如織的步道漫步，並在公園的樹下野餐。一個靜謐無風的春日午後，我走在湖濱步道上並不時四下張望，看看附近是否有小型哺乳動物或野鴨的腳印，後來，我看到了一截樹樁。那原本是一棵長在步道旁的樹，但在去年冬天倒了下來，被護林員移除，樹幹也被鋸掉，如今只剩下一小截很顯眼的樹樁。於是我便屈膝跪下，開始計算它的年輪。但在算到第一百一十四圈之後，我的背就開始隱隱作痛，提醒我這種事比較適合年輕人來做。到了我這把年紀，如果要計算樹木的年輪，應該坐在柔軟的露營椅上進行。

樹齡學雖然才興起不久，但許多科學家都認為這是一門適合「實地操作」的學問。即使是一般大眾，也可以像專業的樹齡學家那樣和樹木互動，因為這是一門有形的學問。比起我們無法碰觸的氫原子、火山岩漿或土星環，樹木的年輪是看得見、摸得著的。有好幾個樹齡學家都表示，大多數人在小時候（甚至長大以後）都看過樹樁，也算過年輪，因此並不難理解樹齡學的概念，但很少人知道這些年輪究竟透露出哪些資訊，而樹齡學家的任務之一就是向一般大眾說明他們的發現，好讓大家得以認識這門複雜的學問

事實上，我們從年輪就可以看出一棵樹的一生。年輪可以反映出樹木所處的環境與生態經過了怎麼樣的變遷。這當中蘊含著許多引人入勝的故事，一座森林就像一座圖書館，儲存了豐富的故事，蘊含了許多智慧。誠如我們先言，樹齡

學好比一扇門，讓我們得以通往過去，進入未來；它也是一個寶庫，裝滿了令人大開眼界的故事。以下就是樹齡學研究史上一個非常有名的故事，但令人遺憾的是，這個故事並沒有一個歡喜的結局。

大盆地國家公園位於內華達州東部偏遠的貝克鎮（Baker）邊緣。遊客來到此地，會感覺自己彷彿進入了另外一個時空。公園裡的景色充分顯示了內華達州多元的地理風貌。在美國眾多的國家公園當中，這裡的遊客人數或許敬陪末座，但卻是美國面積最大的國家公園之一。園區內有一座高地沙漠，還有幾座雄偉的山峰。遊客登至惠勒峰峰頂，會看到一座灰濛濛的山脈以及長滿鼠尾草的小丘，並感受到荒野特有的孤寂氛圍。此外，園區內還有一道內華達州僅存的冰河、數條流水潺潺的山溪、湛藍如水晶般的高山湖泊、幾座古老的刺果松森林，以及數量高居內華達州第一的洞穴。這樣一個堪稱生態樂園的地方，自然吸引了全球各地的遊客前來健行、釣魚、露營和觀星。但幾年前，它也吸引了一位初出茅廬的科學家在此犯下樹齡學研究史上最大的一個錯誤。

那是一九六四年夏天的事。當時，有一位名叫唐納．庫瑞（Donald Currey）、專門研究冰河時期冰川的年輕地理學家，正在內華達州東部的蛇山山脈調查地質結構。他花了許多時間在那裡尋找高大壯觀的刺果松，尤其是惠勒峰風景區一帶，因為那裡似乎有幾棵極其古老的樹。儘管當地風勢強勁，遍地都是巨大的岩石與石灰岩土壤，空氣稀薄，含氧量也很低，但由於他滿心期望能有一些重大發現，以便讓自己的研究生涯能更上一層樓，於是便努力的尋找。

庫瑞帶著他的瑞典製生長錐，一路沿著山坡提取了許多刺果松的樣本。每次取樣時，他都必須先把錐子插進樹幹基部（通常是最厚的地方）的木頭中，然後慢慢地、有條不紊的轉動錐身，使其逐漸深入木芯，接著再朝反方向轉動。如此一來，就可以取得一截木芯樣本。以這種方式取出的木芯大約有鉛筆粗細，最長可達二十八吋。接下來，科學家們就會把這個樣本放在顯微鏡底下，逐一數算上面那些寬窄不一的年輪，以判定這棵樹的年齡。

鑽取木芯的工作很費力，尤其在面對一棵四千歲的老樹時，要用手把錐子鑽進樹幹裡是一件很吃力的事，也很需要耐心。鑽進去後，還得把錐子反向轉動，才能把木芯樣本取出。就這樣，庫瑞在白天忙著從不同樹木身上提取樣本，晚上則忙著檢視這些樣本，以判定各棵樹的年齡、年輪寬度變化，以及生長季的變動模式。他認為這些樹身上或許儲存著許多與天氣有關的資訊，能提供一些線索，使他得以了解當地生態系統的變化。

上山好幾天後，庫瑞在海拔大約一萬零七百五十呎之處發現了一棵樹。根據森林史學家艾瑞克．拉特考（Eric Rutkow）的記載，那是庫瑞見過最壯觀的一棵樹，也是他所採集的第一百一十四個樣本。據他測量，那棵樹在距地面十八吋的地方，周長是兩百五十二吋。一般來說，樹皮是樹木賴以為生、不可或缺的部分，但庫瑞發現，那棵樹的樹幹上，只有朝北那面有一塊十九吋寬的樹皮，其餘都已經被風沙磨蝕殆盡。然而，這棵樹卻仍然活著，而且樹上還有一根三吋寬的嫩枝，上面長著幾簇繁茂的松針。在他看來，這棵被當地登山客稱為「普羅米修斯」（Prometheus）的樹，似乎很適合用來提取木芯樣本。

那是一九六四年八月六日發生的事。時至今日，當時幾位主要的參與者已經過世，而且由於年深日久，相關人員也已記不清事情的經過了，因此他們所敘述的細節可能部分有誤，但可以確定的是：在庫瑞開始取樣後不久，他所用的那支生長錐就斷掉了。於是他換了一支生長錐，試著再度鑽進緻密的木材中。然而，這支生長錐也斷了。不久，庫瑞便意識到：沒有了生長錐，他絕對無法準確判定這棵樹的年齡，除非把樹砍下來。

於是，他便連絡當地林業局的一位護林員，申請伐樹許可。那位護林員在和他的督導討論後便同意了。接下來，庫瑞找了一隊人馬，手持大型鋸子對著樹幹猛鋸。幾個小時後，那棵樹倒了下來，留下一截寬大的樹樁，上面的年輪清晰可見。那天稍後，庫瑞把那樹的好幾個橫斷面放在顯微鏡底下觀看，並開始數算上面的年輪。數了幾個小時後，他發現這棵樹共有四千八百四十七道年輪。由於這一帶的生長條件惡劣，樹木不一定每年都會長出一道年輪，因此，據科學家們估計，普羅米修斯的年齡大約是四千九百歲，在當時已經算是最古老的一棵樹了。拉特考指出，這棵被庫瑞在無意中砍下的樹，乃是迄今已發現的最古老的一棵樹。它在哥倫布抵達伊斯帕尼奧拉島（Hispaniola）時已經邁入老年期，在凱撒大帝統治羅馬時正處於中年期，在蘇美人發明世上第一套文字時才剛出生。

後來，庫瑞把他的發現發表於專業的《生態學》（*Ecology*）期刊。他認為這棵編號 WPN-114 的樹是史上最古老的一棵樹，但將來科學家們還有可能會在那座山上發現遠比它更老的樹木。他的這篇文章很短，僅僅三頁，卻引發了一番爭議。有人指責他破壞了一個脆弱的生態系統，也有人開始討論人類應該為生態負起的責任。直到五十多年過後，各方仍為此爭論不休。

有一派人士主張：所有在林業局保護之下的樹木都不應該遭到砍伐。林業局的責任是守護森林，怎可允許別人砍伐他們所保護的樹木？這樣的決定既失職又魯莽，也完全違背了邏輯與科學原則。像這般不分青紅皂白就把世界上最老的一棵樹砍掉，不僅干預了大自然的秩序，也違反樹齡學的常規。

有一派人士則認為：北美洲大陸的樹木何其多，那棵老樹只不過是其中之一罷了，況且它的位置偏遠，四周巨石累累，海拔高得嚇人，幾乎難以抵達，也很少有人會去，因此有何重要性可言？把它砍掉又能產生什麼影響？為什麼我們要在意這件事呢？畢竟，如果我們要觀賞樹木，在那些交通便捷之處，還有成千上萬座森林、數以百萬計的樹木可看啊。

還有一派人義憤填膺地指責庫瑞和那些支持他的人，說他們違反環保的理念。他們認為，失去一棵樹只是冰山的一角，然而，整個生態正一點一點地受到威脅。如果我們連一棵樹都無法保護，又怎麼能防止整個北美洲大陸的森林遭到砍伐呢？或許，真正的問題在於：人類們有沒有負擔起看守地球的責任？把一棵如此古老的樹砍掉，是否說明了一般人的價值觀？為了取得「必要的」科學數據，人類往往會毫不留情的把活生生的樹木砍掉。這真是一件令人悲哀的事。

以上這個故事雖然沒有美好的結局，卻是環保道路上的一個標示，讓我們思考一個更重要的問題：什麼樣的東西是值得保存的？什麼樣的東西值得拿來研究？此外，這個故事也讓我們看到人類與環境之間的關係。或許我們該問的問題是：「目前我們和樹木之間存在著什麼樣的關係？這樣的關係未來將會對森林與樹木的生存產生什麼樣的影響？」

在古希臘神話中，「普羅米修斯」是一位天神。他偷取天火（知識的象徵）帶給人類，並因此受到了諸神永無止盡的懲罰。同樣的，普羅米修斯這棵老樹也把知識帶給了人類，並且為此付出了代價。可悲的是，這個錯誤直到近年才獲得矯正。目前，我們的法律已經規定：惠勒峰上所有的刺果松都將永遠受到保護。

最後，值得一提的是，庫瑞後來為了贖罪，便大力向政府爭取設置「大盆地國家公園」。

當你走在四點三哩長、海拔三千呎的「惠勒峰峰頂步道」（Wheeler Peak Summit Trail）上時，你會看到一幅有如三百六十度全景畫的景色：一個寬闊的冰斗、幾處巨大的冰磧、一道仍在移動中的岩石冰川以及一座布滿一堆堆碎石的山坡。偶爾，你也會看到幾棵仍有生命的刺果松挺立在藍綠色的天空下。就許多方面而言，這都是一個充滿靈性的群落，其中的生物憑藉著決心與毅力，抵禦了千百年的風霜雨雪，存活至今。就像其他任何一個群落一般，它們的力量在於它所具有的韌性以及為所應為的精神。但有時，它們也不免會遭到外界的干預。

普羅米修斯殘餘的那截樹樁就位於此地一群青翠的老樹之間，只比地面高一點點，四周散布著大量灰色的巨石、幾棵綠葉繁茂的刺果松以及從它身上掉落下來的一些碎木片。樹樁被太陽晒得又乾又白，是光陰的遺跡，也標記了一個曾經健壯的生物的存在。

造訪了普羅米修斯之後，你可以前往大盆地國家公園的遊客中心，來一趟穿越時空之旅，去算一算它的年輪。在那裡，你會看到一件題名為「一個生命故事」（A life Story）的展覽品，一片兩吋厚的木材斷面上方架著一具放大鏡，旁邊有一面解說牌簡要地訴說了故事：

這棵樹名叫「普羅米修斯」，在一九六四年被砍下，以供研究之用，當時它已經超過四千九百歲了。

它萌芽於吉薩金字塔興建之時，成長期間曾經歷羅馬帝國的興衰，馬雅城市的繁榮與沒落以及明朝的興亡。這截斷面上有大約兩千九百二十道年輪，代表這棵樹木一生當中的兩千九百二十個年頭。每一吋年輪都代表大約五十四年的歲月。

展品中還包括普羅米修斯一生中的重要事件年表。上面顯示，它雖然長壽，卻未能得享天年。對某些人來說，這截樹樁的存在，代表了科學與歷史之間一次不幸的交會；對另外一部分人而言，它彰顯了人類的傲慢。我們往往太晚才學到教訓，讓大自然和居住於其中的可敬生物付出了慘痛的代價。這是一齣現代版的希臘悲劇。

PART II

進入森林

森林是這個世界的一部分，也是我們生活的一部分。我們在美麗的樹木間行走，仰觀其樹冠，欣賞森林的遼闊。我們在樹木的枝葉底下鋪上毯子野餐，著迷於它們秋天時色彩的變化。我們用最美的言辭讚頌森林，榮耀森林。它們為我們示範了群居生物如何透過連結，攜手合作，為彼此共同的福祉與生存而努力。

在下面幾章中，你將會看到幾座不同凡響的森林，它們不僅在歲月的試煉中屹立不搖，還成了優美的田園風景。身為生物賴以棲居的堡壘，這些森林中的樹木撐過了各種往往會導致整座林子滅絕的天災，並克服了大自然的種種挑戰，一起邁入了老年期。

在這一篇當中，你將會遇見世界上最大、最老、外觀有如一座森林的一棵樹。它雖然面臨了各種困難，但至今仍欣欣向榮。此外，你還會遇到全世界最高的一些樹，它們生長在加州北部一個極其狹長的地帶，大多靠著吸取雲朵中的養分維生。同時，你也將隨著我乘著小船沿著北卡羅萊納州一條烏黑的河川，在兩岸濃密糾結的樹林之間慢慢漂流。之後，你將會和我一起走在那些高大偉岸的紅杉之間，試著了解它們那困頓的一生以及在漫長歲月中所經過的磨練。

在這幾次造訪古老森林的旅程中，我們有許多機會可以體驗森林的美與智慧。它們將會打開你的眼界，讓你聽到一個個令人驚嘆的故事，而你也將進入一個個奇妙的國度，與歷史相會，追溯這些森林久遠的過往。

CHAPTER 4

直達雲霄

俗名　海岸紅杉
學名　*Sequoia sempervirens*
年齡　兩千歲以上
地點　加州海岸，從奧勒岡邊境到蒙特利灣以南這一段

西元前四七九年，埃及，開羅以南十哩

卡法拉和薩特摩斯這兩位高階祭司經過遴選，被賦予了一個極為光榮的任務：把剛去世的法老王和他的愛貓做成木乃伊。法老的屍首被抬到神殿後方，他們倆人接著將它放在一個特製的斜桌上，以便將體液排空。再過好幾個小時之

後，淨化程序便開始了。薩特摩斯先以聖水清洗逝者，再由卡法拉以松脂薰蒸屍首。這種松脂來自圓柄黃連木（*Pistacia terebinthus*），一種高二十三呎、原產於北非的落葉針葉樹。這種樹的樹脂一般被稱為松節油[2]，能夠抵抗真菌和有害微生物，很適合用來製作需要長期保存的木乃伊。薰蒸完畢後，兩位祭司用油脂、香料和精油清理遺體，最後再用法器把屍體上的毛髮清除。

接下來，薩特摩斯會把頭蓋骨打開，小心翼翼地用一把形狀特殊的湯匙、幾項工具和一些腐蝕性溶劑，把大腦一塊塊取出來。清空顱腔後，他便用棕櫚油加以清洗，並填入亞麻布條和液化樹脂。接著，卡拉法便拿起一把長刀，在屍體的左脅切開一道很深的口子，然後動作熟練地將所有內臟取出。此時，薩特摩斯也加入了這項工作，小心翼翼用棕櫚酒沖洗那些內臟，再用以沒藥、肉桂等香料做成的混合物填入遺體內的各個腔室，然後才謹慎地用細線把切口縫合起來。之後，他們又默默地把那些內臟放在棕櫚酒內洗滌，等到每個個器官都清洗乾淨

---

2 審訂注：turpentine，此單詞最初是用來稱呼圓柄黃連木及相關物種的樹脂，而後才延伸為指蒸餾針葉樹樹脂所獲得的精油。

後，便用碾碎的藥草將之包覆起來，放進卡諾卜罈（canopic jars）內。

接下來，這兩位祭司又把一個裝滿泡鹼的大陶罐拉到屍首所在的桌子旁。泡鹼是一種自然生成的礦物，在乾燥的湖床上經常可以看到。由於這是一種非常有效的乾燥劑，因此成為埃及製作木乃伊的儀式中很重要的一種物質。祭司們小心翼翼地用泡鹼塗抹逝者全身，讓肌肉變乾，以防腐敗。然後，他們便將屍首放在一張禮桌上，在那裡停留四十天。

之後，他們再用特殊的香料和潤滑油塗抹屍體，並將幾種儀式用的顏料混合，將逝者的五官輪廓加以強調，同時也彩繪手指及腳趾，最後，再為逝者戴上一頂特製的假髮。接下來，他們還會用一種以指甲花為基底做成的防腐劑塗抹在逝者的皮膚上，使祂外觀看起來更像仍然活著。這種油膏可以進一步防止可能壞破壞肌膚的黴菌或真菌生長。

下一步就要開始包裹屍體了。他們先把法老王家人所給的各種珠寶和護身符散置在法老王的全身，然後將祂的雙手擺在身體兩側，接著又用亞麻布條將其從頭到腳都纏裹起來。最後一步便是「開口儀式」[3]。整套製作木乃伊的程序包含至少七十五個步驟，埃及人相信，這個儀式可以讓逝者復活。最後，他們再把一個由當地木匠雕刻而成的面具放在逝者頭上，至此，總算大功告成。

這具木乃伊將可以保存千百年不壞。

西元前四七九年，加州北部

在這兩位祭司製作木乃伊的同時，開羅西北七千兩百九十六哩一個遊獵民族的居住地發生了一件沒有人注意到的事情：一粒頂多只有番茄籽大的小種子掉進了那兒的肥沃土壤裡，然後開始發芽，並且逐漸長成一棵巨大無比的樹。大約兩千五百年後，有許多冒險家受到吸引，紛紛前來欣賞它壯麗的風姿以及古老的根。

此地位於太平洋海岸，面積遼闊，有著陡峭的峽谷、蜿蜒的溪流、沖積階地與長滿蕨類植物的山谷，海拔高度從零到三千兩百呎不等。山脈北部的降雨量為每年六十到一百吋。南邊為不規則的海岸地形，降雨量遠少於北部，但動植物同

---

3 編按：Opening of the Mouth，製作木乃伊最重要的儀式。在將木乃伊裹好放入棺木前，會由祭司念誦淨化的咒語，再用手指和開口刀在木乃伊口部輕劃，恢復屍體的五官功能，讓靈魂享受祭品。

樣豐富多元。這裡有幾座高大雄偉、令人印象深刻的紅杉森林。它們聳立雲端，象徵著大自然的宏偉壯闊。

來自各個部落，包括尤洛克（Yurok）、卡魯克（Karuk）、托洛瓦（Tolowa）、維約特（Wiyot）、齊魯拉（Chilula）、惠爾庫特（Whilkut）和胡帕（Hupa）的原住民，在這個生機盎然的環境裡住了幾千年。他們在雪山流下的河流裡捕撈鮭魚，獵殺那些隱身於森林幽暗角落裡的鹿和駝鹿，偶爾也會採集堅果、莓果、種子和其他天然食物以補充膳食。此外，南瓜和豆類等作物也是他們豐富飲食中不可或缺的一部分。此區的原住民都擅長狩獵、捕魚、採集和耕種，因此不致像其他那些生態較為貧瘠的地方一樣，不時鬧飢荒。

這裡的村莊主要座落於眾多溪流與河川旁，以及沿岸的若干地區。這些村莊雖然制度不同且分散各處，但彼此之間仍然有著貿易、人際與經濟上的往來。他們的宗教信仰多半強調大自然的重要性，認為人類有必要維護自然資源。因此，他們和土地之間一直保持著一種微妙的平衡關係。

現今

我首度探訪「紅木國家公園」（Redwood State and National Parks）時，佇立在那些樹木之間，不禁油然生出敬畏之心。那一叢叢參天的巨木令我驚嘆不已。無論走在樹木叢生的深谷裡，抑或曲折蜿蜒的步道上，你都能看到壯麗雄渾的身姿。

最近的一次旅程也同樣讓我嘆為觀止。當時我和太太正造訪「洪堡德紅木州立公園」（Humboldt Redwoods State Park）的「創始人樹林」（Founders' Grove）。那裡遍地的蕨類和參天的樹木，讓人感覺彷彿來到了歐洲童話故事的場景。林立的古樹生機盎然，地上遍布各種深深淺淺的綠。我走近一棵樹，打算伸出雙臂環抱樹幹，以便擺出典型的「抱樹人」姿勢，但我很快就發現：雙臂伸展開來的長度大約只有六呎，因此需要有至少五個像我這樣的人，才能將整根樹幹環抱住。地上那些已經倒下的樹木也同樣有趣，看起來就像被一隻巨大手掌用力推倒一般地連根拔起。沒錯，這些樹雖然活了數千年之久，最終還是會倒下。然而，在這片廢墟中，依然有新生命持續萌發：一些蕨類植物從枯萎的樹根底下長了出來，橫陳在地上的樹幹表面則長滿了苔蘚、真菌和地衣。

一隻香蕉蛞蝓緩緩地爬過林地，想要覓食或尋找配偶。由於四周都是參天的大樹，牠並不在意我的打擾，只是依照遺傳基因的指示做著該做的事。只見牠慢條斯理地爬到一根折斷的紅木枝條底下，越過一個腐爛的葉堆，然後再穿過一叢蕨類植物，繼續往前。

後來，我看到一棵飽經火災、風雪、歲月、氣候與雷擊摧殘的老樹倒在潮濕的泥土上，外表有被燒焦的痕跡，樹幹上布滿苔蘚。樹幹上方長出了幾根嫩枝，顯示可能還有一絲生命的氣息。就在這時，陽光消失了，天空一片陰暗，我和太太走過一座小小的木橋，越過一條小溪，來到了一個長滿高大蕨類植物的地方，感覺好像進入了侏羅紀時期。我心想，說不定待會兒就會有一群蜥腳類恐龍經過我們面前呢。

觀賞紅木是我「夢想清單」中的體驗。看了這些紅木，你的心中會油然生出敬畏之情，而且這樣的印象將會烙印在你的靈魂深處。大多數人（包括我在內）走在紅木森林中時，都會發現自己根本沒有足夠的形容詞可以描繪它們，因為那樣的視覺體驗已經超乎語言所能表達的範圍。

在「草原溪紅木州立公園」（Prairie Creek Redwoods State Park）的「路邊巨木」（Big Tree Wayside）附近有一面告示牌，上面寫著一則尤洛克人的傳說：

> 紅木是如何誕生的？
>
> 在地球上出現人類之前，這裡住著一群名叫沃格（Woge）的神靈。他們透過行動制定了人與萬物必須遵守的行為規範。當人類來到地球時，有一部分沃格就變成了某些動物、植物和地上的景物。有一天，造物者普雷庫克沃瑞克（Pulekukwerek）和沃培庫繆（Wohpekumeu）談到人類沒有木頭，不知該如何渡河時，突然有一個生長速度很快的沃格說：「這就是我來的目的。我可以被用來蓋房子，也可以用來造船。他們可以用我來造船渡河。我的名字就叫 Keehl（紅木）。」普雷庫克沃瑞克聞言便說：「很好，你長得這麼快。以後人類就可以過著舒適的生活了。」

當我們沿著告示牌後面那條蜿蜒的步道前進時，我想到眼前這座紅木森林乃至其他所有紅木森林都有著悠久的歷史。現今的北半球有大部分地區一度都長滿了紅木。事實上，科學家所發現的第一批紅木化石，就是侏羅紀時期的遺物，當時的地球還是巨型爬蟲類的天下。

一億多年後，人類來到了這裡。他們住在海邊，用紅木的木材蓋房子、製造工具、建造獨木舟。後來，加州興起了一股淘金熱，採礦人和商人接踵而來。為了在舊金山建造大宅，在寬闊的山谷中造橋，並興建大型的公司行號和愈來愈多的社區，人們需要愈來愈多的木材。之後，在金錢與財富的誘惑下，有數十萬名歐洲裔美國人也來到了這個地區。當時，這裡的紅木林面積大約有兩百萬英畝。但因為有人大肆宣傳，聲稱紅木是一種「神奇的木材」，於是伐木業者便競相前往。在其後的數十年間，有愈來愈多的樹木遭到砍伐，被用來建造教堂、足球場、碼頭和棧橋，或者做成火車的車廂、傢具、日常用品、樂器、管線、護欄乃至化糞池。在十九世紀末和二十世紀初，只要能用木頭來做的東西，多半都是紅木製造。就這樣，一度鬱鬱蔥蔥的紅木森林逐漸被夷平。一棵棵已經活了千百年的巨木就此消失，成了各式各樣的物件和擺設。

到了今天，僅剩百分之五的森林尚未遭到破壞。

紅木的生長十足是個奇蹟，它們經常被稱為地球上生長速度最快的樹木之一。年輕的紅木無論縱向和橫向的生長，都堪稱植物界之最。不過，它們把一大部分的精力都放在向上發展，藉以逃離樹林裡的幽暗空間，並努力長得比周遭其他樹木更高，以免自身的生長受到妨礙。一般來說，紅木可以活到兩千年以上，但在頭一百年當中，高度就差不多已經到頂了。在這一百年當中，一棵海岸紅木每年可以長高三到十呎，樹幹直徑可以增加一吋。這是它們生長最快速的一段時期。因此，當一棵樹已經介於一百歲到兩百歲之間時，頂端可能已經接近樹冠層的外緣，約莫在林地上方兩百到三百五十呎之處。

紅木一旦長到樹冠層的高度，就會暴露於更多的陽光之下，承受的風力會更強，環境也會變得比較乾燥。這時，紅木的生長模式就會出現變化，減緩向上生長的速度，把精力用來讓自己長得更加粗大。有好幾項研究指出，一棵兩百歲的紅木，其樹幹直徑平均是三到五呎，到了四百歲時，就會增為五到七呎。一棵七百歲的紅木，其樹幹直徑有時甚至可以達到十五呎。

有一次，我走進位於歐瑞克（Orick）小鎮外緣的「伯德．約翰遜夫人樹林」（Lady Bird Johnson Grove），看到一棵巨木便停下了腳步。這棵樹高得出奇，我雖然拉長了脖子想看看究竟有多高，卻怎麼也不見盡頭，只看到樹梢消失在由周遭參天巨木所形成的濃密樹冠層中。我只能約略猜想其高度。

二〇〇六年八月，博物學家克里斯．艾特金斯（Chris Atkins）和麥可．泰勒（Michael Taylor）在紅木國家公園一個偏僻的區域發現了一棵很特別的海岸紅木，他們用雷射儀器測出高度為三百七十九點七呎，於是便將它命名為「亥伯龍」（Hyperion），意即「行走在高處者」。同年，洪堡德州立大學（Humboldt State University）——現已改為「洪堡德州立理工大學」（Cal Poly Humboldt）——的史帝夫．席雷特（Steve Sillett）爬到樹頂，把一捲皮尺丟到地上，以確認其高度。他相信這棵樹的年紀並不大，約莫只有六百歲，而且還在繼續生長中。

亥伯龍比自由女神像高了至少七十四呎，比布魯克林大橋高了一百零七呎，也比拉什莫爾山（Mount Rushmore）上的總統石像高了三百二十呎。紅木真可以說是大自然最宏偉、最令人景仰的造物。

就像有些高大的紅木一般，亥伯龍最特別的地方在於它長在山坡上，而非水分較為充足的沖積谷中。因此，樹齡學家和林務員可能不會想到要在這樣的一個地方尋找巨木。甚至，那裡很可能還有比亥伯龍更高的紅木，只是因為不在人們預期的地點，因此尚未被找到。

儘管有關單位並未公布亥伯龍所在的地點，卻仍有愈來愈多的遊客找到了它。為了通往亥伯龍所在之處，他們破壞了沿途的棲地，踩踏出一條條小徑，並在沿路留下了垃圾和排泄物。於是，二〇二二年七月，加州的紅木國家公園開始呼籲遊客不要接近亥伯龍及其周邊地區，否則將被處以五千美元的罰款，並被判最多六個月的拘役。園方在一份措詞強烈的附帶聲明中表示：「身為遊客，你必須決定要參與保存這處獨一無二的風景，還是成為破壞者之一。」

亥伯龍運氣很好。伐木業者已經將距離它才幾百呎的一片森林砍伐殆盡，當時跡象顯示，亥伯龍很可能也無法倖免。所幸，在伐木業者預定對它下手的大約兩個星期之前，吉米・卡特（jimmy Carter）總統把它所在的山谷劃進了紅木國家公園的範圍。

有鑑於全球最高大的樹木當中有五棵都位於一個相對狹窄的生態地帶，亥伯龍的高度就愈發引人注目了。高度次於亥伯龍的四棵紅木分別是：位於紅木國家公園、高三百七十五點九呎的「海利歐斯」（Helios）；位於紅木國家公園、高三百七十一點二呎的「伊卡洛斯」（Icarus）；位於洪堡德紅木州立公園、高三百七十點九呎的「同溫層巨人」（Stratosphere Giant）以及同樣位於紅木國家公園、高三百六十九點八呎的「國家地理雜誌」（National Geographic）。同樣令人驚訝的是，就目前所知，高度超過三百五十呎的紅木至少有一百八十棵。由於科學家們至少每隔三年都會重新測量大部分名列前茅的巨木，並且每年重新判定哪一棵是最高的，因此，這些樹木的高度和排名過幾年很可能就會出現變化。

大多數遊客來到紅木國家公園時，都會駐足於如風景明信片般美麗的森林步道上，抬頭以四十五度角仰望上空，然後出聲驚嘆。大多數人都會同意：紅木之所以令人敬畏，主要是因為高度。它們往往拔地而起，高得令人難以想像，樹冠幾乎要碰觸到淡藍色的天空，枝條則掩映在那些從太平洋飄來、充滿水氣的雲朵之間。

但除了高度之外，它們的歲數也很驚人。

無論是在哪一個紅木公園裡，遊客最常問護林員的一個問題就是：「這些樹可以活到幾歲？」簡單的說，海岸紅木通常可以活到五百歲到一千五百歲之間，其中有些甚至可以活到兩千歲以上，其壽命長短有很大一部分取決於為了適應環境所做出的努力。

紅木家族的血統可以追溯到將近兩億四千萬年前，自恐龍時代就已經存在，地球上有很大一部分地區都可以見到其身影。在加州，它們已經有將近兩千萬年的歷史，早在人類抵達之前就已經生長於此處。然而，過去這一百五十年以來，伐木、土地開發和人類的其他活動已經使得紅木的數量劇減。

不過，紅木雖然無法抵抗鏈鋸、集材車、貨車、伐木聚材機或除枝機的持續侵擾，卻有一些特殊的生態習性，得以免於某些來自大自然的災害，其中之一便是：有能力取得生存所必需的水分。由於這些紅木生長在北加州沿岸，冬天得以享受豐沛的雨水，夏天則有來自濃霧的滋潤。它們細密的枝葉就像網子般可以網羅霧氣中的水分，而這些霧氣會在葉子上凝結成水滴，被針葉吸收，或者落在地上形成小雨。

長得很高的樹木會面臨一項挑戰：必須把根部的水分運送到樹的頂端。通常，一加侖的水重約八點三磅（視氣溫而定）。夏天時，一棵紅木每天要用到一百五十加侖的水（其中有百分之四十來自霧氣）。這麼多的水換算成重量，就是一千兩百四十五磅。為了存活，它必須把這些水運送到三百五十呎以上的高處。紅木之所以能夠克服重力的影響，把這麼多的水往上運送，是因為它們為了適應環境，針葉形態已經發生了變化。靠近樹木頂端的針葉是錐形的，而且吸水能力很強，因此能夠留住那些來自海洋的縹緲霧氣，讓水分直接進入葉子裡，得以保留更多的水分。

紅木之所以能夠長壽，還有另外一個因素：全身上下都含有大量的有機單寧酸和萜類化合物（在第七章中，我們將對單寧酸有進一步的介紹）。這些自然生成的化學物質會驅退昆蟲、木腐真菌和許多危害樹木的病菌。紅木的樹皮就含有單寧酸，除了能夠抵抗病蟲害之外，也可以做為阻燃劑，使得紅木較不容易起火燃燒。儘管一次火災並不會對紅木造成立即性的危險，但如果次數過多，樹皮就會被燒出一道道疤痕，而且這些疤痕最後會變深變大，使真菌得以進入芯材，久而久之，樹木就會變得愈來愈衰弱。

當紅木年齡漸長時，還必須應付各種來自環境的壓力與疾病。紅木之所以會死亡，通常都是因為根部或莖部腐爛所致，這會使紅木在受到重力牽引或遇到強風、洪水或火災時很容易倒下。紅木因為長得高大，重量又往往超過二十五噸，樹身難免會略微傾斜，而且這種現象會隨著時間愈來愈嚴重。最終，整棵樹就會攔腰折斷或者倒在地上。這通常發生於狂風暴雨期間，因為強風會使樹冠承受極大的壓力，而土壤則因為浸泡在雨水中，無法緊緊抓住根部，保持樹身的穩定。此外，樹木如果長在洪泛區或溪流附近，奔流的洪水或溪水就可能會侵蝕底下的土壤，削弱樹根的抓地力，進而使它倒下。

除了根部腐爛之外，還有一些偶然的因素可能會導致紅木死亡。比方說，一棵古木因為某些原因而倒下時，可能會壓到附近的一棵（或幾棵）樹，使得它們受傷並倒地不起。我還記得我曾在草原溪（Prairie Creek）畔看到一棵倒地的巨木。它生前已經感染了好幾種病蟲害，最後想必是因為遭到雷擊的緣故才倒了下來，但它這一倒，卻壓垮了附近十二、三棵大大小小的樹木，使得那裡看起來像是一座樹木的墳場。當我站在這些巨大的紅木殘骸旁，發現每一棵倒木兩旁都已經長出了植物，包括蕨類、樹苗和無所不在的苔蘚。由此可見，一棵樹的死亡造就了一個微型生態系統的誕生，森林的生命得到了延續。

她站在US101號國道旁，看著一輛輛汽車與卡車以每小時六十哩的速度疾馳而過。突然間，她冷不防地走到路面上，往中央的車道前進，接著又停下腳步，似乎毫不擔心來來往往的車輛。此時，我們正開車朝北邊走，打算往左轉，開上那條風景優美的「牛頓・B・特魯利公園觀光道路」（Newton B. Drury Parkway）。看到她，我太太便輕踩煞車，把車子開到繁忙的馬路邊停了下來。後來，又有兩隻也走到了馬路中央，同樣不在意來來往往的車輛。他們心知自己安全無虞，便慢悠悠地往馬路另一邊走去。不一會兒，其他幾隻羅斯福麋鹿也加入了行列。總共約有四十五隻成年麋鹿和幼鹿從路這邊的青翠草原穿越馬路，走到另一邊。經過我們的車子旁邊時，偶爾還會看我們一眼。大約五分鐘之後，所有的麋鹿都到了對面，然後便分散各處，在草原上吃起草來。

我由此想到：紅木森林是一個多麼豐富多元的生態系統，裡面棲息著各式各樣的生物。除了喜歡在草原和其他空曠之地覓食，同時也會躲在紅木森林裡遮蔭並尋求掩護的麋鹿之外，各地的紅木公園裡還有鮭魚、鱒魚、山獅、山貓、郊狼、狐狸、黑尾鹿、各種猛禽、貓頭鷹、地鼠、田鼠和黑熊。除此之外，在一座成熟的紅木森林裡，還會有許多兩生類動物和昆蟲。這是一個互相依存的生態系統。每一種生物都必須依賴其他生物才能存活。

紅木森林和其中的特殊生物之所以能存活至今，有很大一部分要歸功於「搶救紅木聯盟」這個組織。該聯盟創立於一九一八年，是一個專門致力於保護古老紅木的非營利機構，迄今已經保存了二十萬英畝以上的紅木林，並協助成立了六十六座紅木公園。他們所用的方法是購買紅木林以及其周邊必要的土地。除此之外，還以創新的科技讓紅木林回復本來面目，改善森林的管理，並加速森林的再生。如眾所周知，他們向來堅守保育生物的原則，不斷進行各種研究，並努力讓民眾更加了解並珍惜紅木林。這個組織宣稱：「我們已經改變了好幾億民眾的生活，因為我們使他們得以重新與大自然連結。」

我想進一步了解搶救紅木聯盟以及他們所肩負的使命，於是便和活動主任保羅．林戈德（Paul Ringgold）連絡。林戈德負責所有的土地保育、土地管理與經營、森林復育、公眾募資、政策執行、公園維護業務以及各種教育與解說活動。他是一個喜歡社交、極富魅力的人，腦子裡裝滿了有關保育的問題。這是他很熱衷的事，也是他一生的志業。我最先問提出的問題便是：一般大眾為何應該關心搶救紅木聯盟所做的事？

他答道：搶救紅木聯盟具有豐富的經驗、專業的背景和歷史知識，而且在未來的一百年當中，他們將盡量確保目前僅剩的紅木林都得到保護。「基本上，我們希望能在紅木分布的區域內設置更多的紅木保護區，使保護區的數量增加一倍。」他告訴我。「至於那些不在保護區內的紅木林，我們也打算加以保護，至少使它們不致被拿來作別的用途。此外，我們也要盡量強化各地森林的管理。」

林戈德強調，搶救紅木聯盟是唯一專門以保育紅木林為己任的組織。其目標不僅是要給予紅木林永久的保護，也要確保這樣的保護是以明確、健全的科學知識為基礎。他指出，聯盟最近才完成了一項計畫，把紅木的整個基因組加以解碼，以便了解不同族群的紅木之間，遺傳變異的情形和族群分化程度。

林戈德表示，搶救紅木聯盟已經和其他保育團體（包括在同一個地區工作的政府機構和保育組織）建立了合作關係。他同時指出，該聯盟目前正在進行一項研究，主題為「氣候變遷提案對紅木的影響」（The Redwoods in the Clmate Change Initiative）。透過這項研究，他們已經發現該提案中的若干條款將有助我們了解氣候變遷所帶來的長期性影響。為了進行這項研究，科學家們甚至爬到紅木的樹冠層去測量紅木的葉子、枝幹和莖的生物質量相關的數據。除此之外，他們也使用一種很細的生長錐來提取芯材，以便了解紅木在不同的氣候下生長速度的變化。

我快速地瀏覽了一下搶救紅木聯盟的官方網站，發現裡面羅列了許多資源、科學性的論文、一般性的文章、各種課程、相關的見解與觀點以及推廣活動。由此可見，該聯盟不僅目標明確，也有足夠的資源可以實現其目標。我和林戈德談話時，很快便看出該聯盟不僅想要改善各地紅木的總體健康與活力，也希望能將此列為他們未來努力的重點。

他們明白，要讓紅木繁榮滋長，關鍵的因素之一，便是對它們的年齡有全面性的了解。該聯盟的公關主任賈瑞森·佛洛斯特（Garrison Frost）表示：「透過樹木的年輪，我們不僅可以知道一棵樹的年齡，也可以了解它在氣候改變時的生長狀況、儲存的碳量以及其他許多寶貴資訊。」

要判定一棵樹的年齡與其所經歷的環境變遷，最準確的方法便是計算年輪。不幸的是，即使科學家使用了最大號的生長錐，也只能鑽到木材內部大約三呎深的地方，如果碰到一棵巨大無比的樹，就沒有辦法鑽到樹幹的中心部位。幸好，洪堡德州立理工大學的紅木專家已經想出了一個辦法克服這個困難。他們會在樹幹高處每隔約三十到六十呎的地方提取木芯，然後再比較這幾個部位的年輪與樹幹半徑，並運用交互定年法，以確保每一道年輪都有被數到。

科學家們用這些方法發現了一些壽命很長的樹。這些樹雖然已經死了，但仍然提供了一些有關它們的一生的訊息。在這些樹當中，有一棵是在一九九四年倒下（很可能是因為暴風雨的緣故）的紅木。科學家們經過仔細的計算後，發現它有兩千零二十六道連續的年輪。但他們發現樹木的年齡或許不只兩千零二十六歲，原因是有些年輪可能因為太細（只有兩到三個細胞的寬度）或木材略微腐爛的緣故，沒有被數到。

二〇一三年，科學家掃描了洪堡德州立紅木公園的一根木頭，並使用了交互定年法，結果發現年齡大約為兩千兩百六十六歲，也就是說，它從西元前三八五年一直活到西元一八八一年。一九九六年，他們又以交互定年法測定另一棵倒木，發現有兩千兩百道年輪。目前正在聖塔克魯茲市（Canta Cruz）「亨利・寇威爾州立公園」（Henry Cowell State Park）遊客中心展示的一個紅木，剖面則有一千九百三十五道年輪。

一九八〇年代末期，一群喜愛探險的大學生做了一件從未有人做過的事。他們冒著極大的風險，利用很原始的攀爬裝備爬到好幾棵高大紅木的樹冠裡，結果發現了一個從未有人探索過的國度，一個危險、神祕且遼闊的天地。那裡有著苔蘚、地衣、斑點鈍口螈、各種懸垂的附生蕨類、一叢叢越橘，和許多我們以為只存在於地被層生態系中的動物。在此處，紅木的枝幹相連有如空中拱壁。那些學生還發現了許多斷枝、掉落的針葉和其他碎片。這些物質在離地兩百六十五呎的高處形成了一層腐植質。

隨著更深入的研究，又有人發現紅木的樹冠層中棲居著成千上百種植物，除了苔蘚、地衣、越橘等等，甚至更有已經發育成熟的樹木。此外，這裡還有林地上常見的各種動物，例如老鷹、貓頭鷹、蠑螈、啄木鳥、林鼠、花栗鼠、大黃蜂、蝙蝠、蛞蝓和甲蟲等等。這是一個從未見諸科學期刊的高空生物網絡，一個自然而然形成的群體。它們在林地的高空、遠離人類視線的地方活得欣欣向榮。

早年，我曾多次探訪紅木林，其中一次是為了寫一本讚頌紅木的童書《好高好高的樹》（*Tall Tall Tree*），企圖以韻文的形式展現紅木林中的豐富生態，帶領讀者進入紅木的樹冠層，探索之前從未有人知曉的生物，進行一趟文學之旅。這本書在其後幾年間得到了非常正面的迴響，可見我們的青少年對紅木的喜愛與接受程度。

無論人們爬到樹冠層或佇立在林地上，都能從紅木那兒獲得許多令人著迷的科學知識與重要的啟示，那直達雲霄的樹幹和生機洋溢的樹冠層，也能讓我們對生命有更深刻的體會。站在紅木林中，我們可以學到許多重要的功課，包括擁抱孤獨、疼惜眾生以及尊重大自然，也會體認生命的綿長，並興起保護環境的欲望，並了解我們在面對萬物時應該保持一顆謙卑的心。在紅木林中，我們得以擺脫日常生活的喧囂，重新與那些看似平常但卻無比奇妙的自然事物連結，回歸更真實的生命節奏。透過幾次的探訪，我發現紅木林簡直就像是一座教室，會讓我們對生態有更深刻的理解，並體會大自然變化無常的魅力。無論是佇立在草原溪峽谷旁的紅木林中，或倚著臭菘溪（Skunk Cabbage Creek）畔一棵位於廢棄伐木道路旁的巨大紅木休息，我都可以學習到各式各樣的東西。

紅木林不只是一群剛好長在同一個地方的老樹，也是一座智慧的寶庫。久而久之，你會發現裡面蘊含著值得我們終生學習的功課。就如同森林哲學家彼得・渥雷本（Peter Wohlleben）所言：「我絕不會停止向樹學習。但即便只是我目前所學到的，也已經超出我歷來的想像。」

因此，當我造訪紅木林時，往往會在步道旁找一處靜謐的地方（有時是在幾株參天的巨木間，有時是在一座長滿蕨類的幽谷內），坐在一張以帶皮樹枝做成的長椅上，或一棵飽經風霜的老樹旁，環視四周，手裡拿著一支筆，並把手機裡的語音備忘錄 app 打開，等待靈感降臨。很快地，文字就會在我筆下傾瀉而出。以下的筆記便是身為教育工作者的我從紅木身上所學到的功課。這是那些歷經風雨與歲月的試煉仍得以存活至今的古老生靈所教我的東西。

在紅木身上，我們可以學到耐心。我們生活在一個匆忙的世界裡，吃著速食，要求快速下載與立即性的滿足，並且總是同時做著好幾件事，還有永遠履行不完的責任與義務。但紅木讓我們明白從容與悠閒的價值，它們會隨著時間，一年一年地愈來愈美。它們之所以得享天年，正是因為慢慢地生長。它們不慌不忙，不急於求成，願意花時間讓自己變得完備，因此才有了如此壯觀的面貌。

紅木林是寧靜的化身。在森林中，總有一種靜謐安詳的氛圍，讓我不由得會開始觀察周遭那些細微的事物，例如色彩斑駁的樹葉、蹦蹦跳跳的小型哺乳類動物或附近潺潺的溪水聲。透過仔細的檢視和耐心的觀察，我總是能發現一些新的東西。這提醒我：在外面的世界裡，我們總是有做不完的事情，跑不完的行程，但在紅木林中，我們卻有機會重新認識什麼才是真正重要的事物。要活得長久，與其勞碌繁忙，不如安穩平靜。

紅木讓我們明白祖先對我們的重要性。有幾次，我造訪紅木林時，都看到紅木的四周有著長而彎曲、互相纏繞、有如蔓藤的根部。這些樹根形成一個強壯的網絡，支撐著樹身。紅木雖然沒有一條長長的主根可以牢牢固定在土壤裡，但這些側根卻形成了一個支撐的架構，讓紅木得以抵禦狂風暴雨。這提醒我們，祖先和家人也是我們的靠山，是我們得以紮根的力量。在紅木身上，我們可以學到一件事：家人往往是力量的來源。我們之所以能夠昂首挺立，是因為有人支持我們。而祖先就像紅木那些交錯的根系一般，讓我們活得有底氣，有目標。

從紅木身上，我們可以學到什麼叫勇敢與堅強。誠如一位睿智的哲學家所言：「生活是艱難的！」在日常生活中，我們難免會受到許多力量的影響，有時甚至可能會懷疑自己是否撐得下去。但紅木教導我們要昂首挺立，以本來面貌和信念為榮。每當我抬頭看著紅木林的樹冠層，總會覺得那些紅木彷彿正在告訴我們不要放棄任何可能性，也不要理會那些不看好我們的人。無論我們年紀多大、處於人生的哪一個階段，我們總是能夠繼續成長，也有理由繼續成長。

即使資源稀少，紅木還是可以長得很好。反觀我們卻總是不斷地積累各種物資。我們送給孩子各種最新的教育軟體或創意玩具，以便確保他們能過著喜悅與知性的生活。我們為自己購買最新的閃亮行頭、毫宅大房、時尚衣物和來自歐洲酒莊的昂貴紅酒。我們不停消費，永不饜足。但紅木要的卻很少，只要有清晨來自岸邊的霧氣、起伏的山丘、蜿蜒的小溪以及四季不缺的陽光就夠了。因為活得簡單，才能活得長久。

從紅木身上，我們可以看出人際互動的重要性。決定人類壽命長短的一個因素乃是社群的力量，有許多數據顯示：當我們攜手合作，建立強大、持久的社群體系時，我們的生命就有了目標與力量。同樣的，紅木也藉著彼此合作，建立了屬於它們的太平王國，使自己受到了保護。透過個體之間的合作，強化整體，這便是森林的力量。

在紅木身上，我們也可明白：每一個人都可以對他人有所貢獻。正如小樹讓我們看見新生命的美妙與力量一般，老樹有時也會傾覆倒地，但它們倒下後，就成了野生動植物的棲息地，讓新生的樹苗有成長的空間，也讓大地重新得到滋養。老樹是延續森林生命不可或缺的要素，因為它們讓森林得以不斷更汰舊換新。無論在生前或死後，紅木都願意把自己給出去。這是森林的真理之一，也是大自然不可或缺的要素。唯有合作（而非競爭），群體才能變得更加強大。唯有付出，才能讓我們和他人都得到生命。

紅木林中有一種寧靜的氛圍。置身於此，我們得以遠離喧囂的車馬、各種繁忙瑣碎的事務以及應接不暇的訊息。在這平靜悠閒的環境中，紅木安享天年。它們的世界沒有喧囂與忙亂，因此得以強大。

紅木能大幅改善周遭的環境。它們會打造出屬於自己的群落，使得土壤更加肥沃，也使周遭的空氣更加馥郁。它們會吸收碳元素，並且為生長地增添無限的美感。此外，它們也能留住土壤，讓其他動植物受益。從這些雄偉壯麗的紅木身上，我們可以學到一件事情：所有的生命——無論是那些高聳入雲、寂靜無聲的紅木，還是在林中鋪滿松針的步道上行走的喧鬧遊客——都是地球的管家，都負有維護地球生態的責任。

紅木，是我們的明師。

CHAPTER

5

穿越時空的獨木舟之旅

俗名 落羽杉
學名 *Taxodium distichum*
年齡 兩千六百二十八歲
地點 北卡羅萊納州東南部，黑河

西元前六〇五年，羅馬以南一百五十一哩的龐貝城

天空的星子已經黯淡無光，美好的夜晚即將過去，黎明就要到來。有一隊商船停泊在海港的碼頭中，顯示此地與地中海諸國之間的貿易頗為興盛。這天早上一如既往，有一小群年輕水手站在岸邊，耐心地等待著上級的指令。他們大多來自希臘沿海的城鎮。一旦拿到了裝備，登上各自所分配到的船隻後，他們就會揚帆出港，開始一段似乎永無止盡的漫長航程，日復一日爬上索具、打掃甲板、修理船帆、清洗廁所，並將貨物拖進或拉出陰暗的貨艙。這樣的生活並不容易，卻讓他們有機會體驗不同的文化，拓展新的視野。

西元前七世紀的龐貝城座落於海邊的一座火山岩高原上，俯視著光輝閃閃的地中海。可供船隻航行的沙諾河（Sarno River）流經此地，匯入那布勒斯灣。這座城鎮是在一百年前建立的，最初是由五座村莊組成，城中人口只有一萬出頭。它的名稱源自奧斯坎語（Oscan，義大利南部的一種印歐語言，如今已失傳），意思就是「五」（Pompe）。

西元前大約七四〇年時，希臘人來到了這裡，此後龐貝城裡的希臘式建築便日益增多，其中包括當時最重要的一座建築：興建於西元前六〇〇年左右的一座多利克式神殿（Doric temple）。這座神殿主要是以一種疏鬆多孔、被稱為「凝灰岩」（tufa）的火山岩建造而成，有三十二根帶有凹槽的砂岩柱子、一系列又寬又高的階梯以及三座祭壇。殿裡供奉的是以力大無窮、曾多次至遠方歷險而聞名的神祇海克力士（Hercules）。根據神話中的描述，他是這座城市的創立者。

龐貝城位於義大利西部海岸，是義國主要的貿易與商業港口，因此頗為富庶。城中有許多精巧的公共建築以及有著五彩裝潢、華麗傢具和精美藝術品的奢華的私人寓所。城郊盡是一棟棟別墅和廣大的莊園，從建築風格和生活方式就可看出，龐貝城是當時義大利最為富裕的城市之一。

然而，在碼頭上等候的水手以及在那些嘈雜客棧中做著買賣的富商並不知道，在他們西北邊十點一哩的地下有一股力量正在醞釀中。那座在歷史上曾經多次爆發（在過去一萬一千七百年當中曾經爆發五十四次）的錐形火山維蘇威火山（Mount Vesuvius）正蓄勢待發。不到七百年後，它將多次噴發，導致大量的火山碎屑流下山坡，將一片片古老林地化為焦土。林中的大小樹木（以樺樹為多）如同火柴棒一般應聲而倒。一度生機蓬勃的廣大森林就此被灰燼和火山渣所覆蓋，無一倖存。龐貝城也在兩天之內遭遇同樣的命運，被埋在大量崩落的火山碎屑中。

西元前六〇五年，北卡羅萊納州東部

在歐洲探險家來到北美洲之前，美洲原住民各部落之間曾經進行自由貿易。

他們敬重土地，感謝它的恩賜。這段時期（介於西元前一〇〇〇年和西元前二〇〇年之間）被稱為「疏林時代」（Woodland period）早期。當時，居住在龐貝城以西大約四千八百四十三哩之處（亦即現今的美國東部）的原住民不僅會耕種各式的作物，也會將貨物沿著分布甚廣的貿易路線運往大湖區和密西西比河山谷。

這段時期，東部的濱海地區（主要是河流和海岸邊的湖泊旁）興起了許多聚落，那裡的原住民會採集周遭的莓果、堅果、葡萄和柿子，並獵殺鹿、河狸、熊和浣熊等動物。從近代發現的許多貝塚可以看出：他們當時也懂得利用海洋的豐富資源。夏天，海洋的魚貝盛產時，他們就會遷往海岸居住，等到冬天才回到內陸打獵。

由於海邊盛產陶土，他們的製陶業也很發達，而且往往會以各種幾何圖案精心裝飾這些陶器。不過，他們製陶的方法非常原始，大部分的陶罐都是以手工打造，並未使用陶輪，而且他們所做出陶罐都是用來運送食物和其他物品。

部落中的每個人，無論男女，都會被分配到不同的工作，至於工作內容則視部落所在的地點和當時的季節而定。這是一個很有效率的社會。早在羅馬帝國擴張到歐洲大陸之前，他們的社會就已經極其穩定與繁榮。就在這裡，一棵小小的種子落了地，並且剛好掉在幾堆濕軟的泥土間，然後便開始了漫長的一生。

在許許多多年後，它將成為一則傳奇。

現今

我把槳插進黑河（Black River）黝暗的河水中。這條河位於北卡羅萊納州東南部，是恐怖角河（Cape Fear River）的支流，長約六十哩。我往前划了一下，接著便熟練地換邊，把槳插入船右側的水中，繼續往前划。這樣的事情我已經做過許多次了。在造訪賓州各地的湖泊和河流時，我經常得划船。去露營和進行一日遊時，也一定會帶著我的獨木舟。在水流緩慢的湖泊或溪流裡待上一整天，使我得以與內在的自我連結，讓自己煥然一新。這是生物考察之旅，也是冥想之旅。

這一天，和我同行的是北卡羅萊納州威明頓市（Wilminton）「瑪哈奈姆探險公司」（Mahanaim Adentures）的老闆兼總經理唐・哈提（Don Harty）。身為獨木舟高手的他，這回將帶我前往神聖的「三姊妹沼澤」（Three Sisters Swamp）去探訪一些極其古老的樹。

「黑河」之所以得名，是由於水色的緣故；而河水的顏色之所以如此之黑，則是因為充滿單寧酸。單寧酸是一種自然生成的化學物質，普遍存在於植物之中。木頭、樹皮、根莖、根部乃至水果裡面都含有單寧酸，這是一種抗氧化物，能夠保護人體組織不致受到細胞老化的影響，也能對抗病原體，例如真菌、病毒和細菌等等。即使一棵植物被泡在水中，它所含的單寧酸也可以發揮以上作用。當樹木死去或倒在河中並且腐爛分解時，內部的單寧酸就會逐漸滲入河水中，使其呈現單寧酸特有、類似濃紅茶的顏色。

我們出發時，天邊雲朵低垂，遮住了陽光。氣象預報說今天稍後會下雨，但此刻天氣潮濕、溫暖宜人。一隻林鴛鴦安然躺在一根木頭上，漠然地看著我們離去。我們的船槳很有規律的在水面上起起落落，這條河的河道蜿蜒曲折，兩旁盡是已有幾千年歷史的落羽杉林，而河水就在這些落羽杉之間緩緩而流。唐告訴我，黑河的源頭位於北卡羅萊納州南部的桑普森郡（Sampson County），往下游流了六十哩之後，便在威明頓以北十四哩的地方注入恐怖角河。河口只比源頭低了大約二十呎，因此流速非常緩慢。

一九九四年，北卡羅萊納州的「公園與休閒娛樂處」（Division of Parks and

Recreation）將黑河列入該州「優等水源」的名單。這是最潔淨的水道才能獲得的殊榮。此後，黑河就成了州民休閒活動——如划皮艇和獨木舟——的熱門地點。

因為不趕時間，我們便慢悠悠地划著。此時四下一片靜寂，放眼望去，到處都是樹木。沿途，我們經過了幾處隱蔽在矮樹林之間的古蹟。曾有遊客在一處地勢較高的河岸左側發現了幾百年前的陶器碎片，是從前的美國原住民部落留下來的。我們一邊划行，一邊看著下游處愈來愈多的落羽杉。

大家對於常綠針葉樹都很熟悉，這類樹木的葉子終年不會掉落。但落羽杉則正好相反，是落葉性的針葉樹。秋天時，落羽杉那細窄而扁平的小葉會逐漸變成橘色、紅色、淺黃褐色或黃色，最終落入河中，讓水面上呈現各種鮮豔繽紛的色彩與生動的圖案。落羽杉的英文俗名之所以叫做 bald cypress（禿頭的杉樹），就是因為葉子一到秋天就會掉落，只剩下光禿禿的一片枝椏。而且，它們是此地的主要樹種。

我把槳靠在獨木舟的艙口圍板上休息片刻，這時，我看到右手邊有一隻大眼睛的蜻蜓飛了過去，很可能正在尋找獵物。唐告訴我，蜻蜓是益蟲，因為蜻蜓愈多的地方，那種會叮人的鹿蠅就愈少。儘管我先前已經在身上噴了大量的驅蟲劑，但還是很感謝這些蜻蜓前來相助。

河道開始變窄。右邊的水樺枝枒間掛著大團的槲寄生，兩隻北美黑啄木鳥在附近的一棵樹上跳來跳去。當河水流經那些被吹倒（可能是熱帶暴風雨或颶風惹的禍）並且岔出河面的倒木時，水面的波紋便在那偶爾穿過雲層、透過樹梢照進來的陽光照射下，閃爍著千變萬化的光影。

在寬闊的河道上划了大約半小時之後，唐便帶領我們進入一條小支流。這時，我們開始看到水面上豎立著許多像是短木棍一樣的東西。那是落羽杉特有的「膝根」，也是最為人所知的特色。

「膝根」一如其名，看起來就像是從河裡冒出來的肢體一般。落羽杉通常生長在流動緩慢的水體裡，尤其是美國東南部各地的水岸旁。樹木底部的四周經常可以看到這種膝根，從樹根處垂直往上長，與樹根幾乎呈直角，最後就會破土而出，其高度平均可達三呎。膝根是實心的構造，但如果一棵樹已經幾百歲了，膝根內部可能會出現腐爛現象，久而久之就變成空心了。原住民便經常用這些空心的膝根來做成蜂箱。

這些膝根給人一種神祕的感覺。關於它們，科學界也有一些推測。其中最普遍的假設就是：落羽杉所生長的河邊地帶或沼澤地區，由於水中溶氧量甚低，因此必須要靠膝根（通常被稱為「呼吸根」，是專門進行氣體交換的一種氣根）將空氣運送給水底下的根。這種理論的依據是所有植物（包括樹木在內）都必須要有空氣才能進行細胞呼吸。許多科學家以及好幾本植物學入門教科書都認同以上的觀點，這些膝根就是「會呼吸的根」。

另一派理論則主張：這些膝根是落羽杉用來釋放它們在地下所吸入的甲烷的工具，可以說是落羽杉的「排氣閥」。他們所持的理由是：甲烷雖然對植物無毒，但也沒有任何明顯的益處。不過，好幾年前一項針對喬治亞洲奧吉奇河（Ogeechee River）沿岸的落羽杉所做的研究顯示：在該處沼澤所排放的甲烷中，只有少量（不到百分之一）是由落羽杉的膝根所排出的。由此可見，這個理論未必可信。

有些植物學家認為：落羽杉往往生長在不太穩定的土壤中，而膝根是它們用來強化自身抓地力的一種方式。對於那些比較脆弱的樹木來說，這些膝根可以提供更多的支撐，尤其是在強風或颶風來襲時。這樣樹木才可以確保自己能夠活上數百年。

另外一種理論則是：落羽杉的膝根是用來抓住水流中養分的一種構造。當河水流動時，微小的有機物質會逐漸附著在這些膝根上，最終被樹木所吸收。只可惜目前並沒有足夠的數據可以證實這種假說。

一九八〇年代中期，有兩位科學家提出一種說法：膝根是落羽杉在受到環境壓力（例如乾旱）時，用來儲存養分的器官。不過，儘管科學家們曾在膝根的切面上偵測到澱粉體（植物細胞中的一種胞器，以澱粉的形式合成及儲存醣類），但目前還沒有明確的證據顯示落羽杉會在水位很低甚至枯竭時，動用這些澱粉體中的養分。

綜上所述，落羽杉的膝根究竟具有何種功能，在歷經將近兩百年的科學研究與討論之後，目前依舊沒有明確的答案。對我們而言，這仍然是一個謎。

我們再往前划了一會兒，聽到了鳥兒的啼囀聲。除了船槳划過水面的聲音之外，這是此地唯一的聲音。唐指著一棵樹，說樹上有一群橫斑林鴞，鳥鳴聲便是從那裡傳出來的。此處安詳寧靜，是十足的荒野之地。只見凸出水面的落羽杉膝根愈來愈多，一如沉默的哨兵般守護著領土，讓我們得以從旁邊經過，卻不得越雷池一步。

唐向我講述了黑河的一些過往。「以前這條河是用來經商的，」他告訴我，「從十九世紀末到二十世紀初，這條河上經常有幾十艘槳輪船來來往往，把各種補給品運送到上游給岸上的居民。河流附近的住戶則會把他們的貨物送到船上去賣。」他表示，有許多年的時間，恐怖角河盆地的貿易一直非常興盛。

划了大約一個小時之後，唐表示我們即將進入「三姊妹沼澤」。我雖然沒看到任何指標或告示牌，我相信唐知道這裡是什麼地方。他告訴我，這座沼澤的面積有將近三千英畝，目前是由布雷登郡（Bladen County）的「大自然保護協會」（Nature Conservancy）負責管理。這裡有成千上百棵古老的落羽杉，其中有許多都在一千歲以上。此處之所以被稱為「三姊妹沼澤」，是因為有三棵很老的樹，儘管沒有生長在一起，但基因檢測的的結果揭示它們彼此在親緣上密切相關。隨著划行，周遭的樹木變得愈益濃密，河水愈來愈黝黑，四下也更加寂靜。

我很好奇落羽杉在這樣的環境裡是如何繁殖的，後來才發現，它們就像其他許多樹（如松樹、樺樹、胡桃樹和榛樹）一樣，是雌雄同株的植物。同一棵樹上既有雄花也有雌花，雄花的花粉使雌花受精後，就會結出可以萌發的種子。花朵會在冬天綻放，第二年的十月和十一月就會結籽，種子成熟後會落入河中，或是被秋季的洪水沖走，漂流到其他地方。它們必須待在沼澤地或泡在水裡一到三個月，讓種皮膨脹並軟化。儘管無法在水裡發芽，但卻可以在水裡浸泡長達三十個月的時間。等到水退後，那些已經軟化的種子就會嵌在河岸的柔軟土壤中，並開始發芽長大。

唐指出，這個保護區裡有很多流往四面八方的支流與小溪，而且到處都是濃密的樹林，因此置身其中，很容易搞不清楚方向並因而迷路。有些來這裡划獨木舟的遊客以為黑河就是一條河流直直通到底，結果迷了路，還得勞動當地人士前來救援。這樣的情況每年至少會發生十幾次。正如唐所說的：「這裡沒有標示。你根本不知道自己是位於主要的河道上，還是到了某一條支流之上，所以人們很容易就會失去方向感。」我好奇地問他是否曾經在這座沼澤迷失過，他咧嘴一笑，說道：「我從來沒有迷路過！不過，倒是曾經掉頭過幾次。」

不一會兒，我們看到水面上有兩根載浮載沉的木頭，兩根上端都有一些空的蜆殼，整整齊齊排列在木頭的凹處。唐告訴我，這是水獺的傑作，牠們經常會潛到水裡撈取蜆仔，並將這些蜆帶到木頭上，把蜆殼打開，將裡面的肉吃掉。在這座沼澤裡，到處都可以看到這樣的蜆殼，顯示這是一個生機蓬勃、能夠永續存在的生態系統。

不久，我看到前方大約二十碼的地方，站著一棵非常古老的落羽杉。雖然看起來不是很壯觀，但到二〇二四年就滿兩千六百三十歲了。科學家在二〇一八年提取了木芯樣本，並將它命名為 BLK227。

這棵樹並非三姊妹沼澤裡最高的一棵樹，也不是最粗的。如果身邊沒有一個像唐這般專業而且對此區瞭如指掌的嚮導，我很可能就錯過了。等到我們靠近後，我發現它的樹幹上長滿了暗綠色的苔蘚。一般來說，落羽松的樹皮都是淺黃褐色的，但此刻，在那灰暗的天空下，眼前這棵樹的樹皮卻有幾處看起來像是淺灰色的。我慢慢地抬頭往上看，發現樹幹高處有好幾個樹瘤。這是落羽松常見的現象，因為樹木受傷、受到真菌感染或承受某種壓力後，木頭的紋理會逐漸變形並凸出，形成圓圓的腫塊。

我伸出手撫摸粗糙不平、苔蘚斑駁的樹皮。這時，我乘坐的獨木舟撞上了這棵樹，於是我便輕輕地將它推開，以免碰傷這棵長壽的樹。它的歲數是我的三十四倍以上，已經邁入老年期了，因此我絕不能傷害它。

我慢慢地划著獨木舟繞著這棵樹轉。唐指著樹幹上距水面約四點五呎處的一個小洞給我看。那是研究人員為了測定年齡而打的洞。其直徑幾乎不到四分之一吋，是它在千百年生命中受到人類干預後所留下的小小瘢痕。

我繞著樹身划行時，碰到了幾根彎彎的枝條。每一根枝條上都有一簇簇圓形的毬果。每顆毬果都約莫一粒胡桃那麼大，外皮是綠玉色的，上面帶有斑點。看來，它雖年紀老邁，還是有繁殖能力。

在恭敬地欣賞了十分鐘之後，我們繼續划著船往下游走。很快的，我們就看到了另外一棵老樹。它的名字也叫「瑪士撒拉」，樹幹略微往東傾斜，底部也裹著一層厚厚的苔蘚，但枝葉繁茂，看起來頗為健壯，旁邊的黑色水面上還豎立著許一根根呈圓圈狀分布的膝根，以及好幾棵小樹。

一九八五年，科學家先是數算了它的年輪，然後又以放射碳定年法加以檢測，結果斷定瑪士撒拉（正式的名稱為 BLK69）至少在西元三六四年就已經誕生了。這使得它成為當時三姊妹沼澤中最老的一棵樹。今天它雖然已經不是了，但無疑還是這條河流沿岸最老的樹木之一。

其後，研究人員發現，從年輪可以看出瑪土撒拉曾經歷兩次很嚴重的乾旱，而這兩次乾旱發生的時間剛好和當年的「失去的殖民地」（the Lost Colony）和詹姆斯鎮殖民地（amestown settlements）同一時期。儘管它比那個位於北邊半哩處的親戚年輕了將近一千歲，但卻曾經見證君士坦丁大帝開始信奉基督教、成吉思汗創立蒙古帝國、美國向法國購買路易斯安納、諾曼第登陸以及九一一事件。

時間已經接近中午，我和唐進入了一段比較寬闊的河道。這裡的水面依然非常平靜光滑，除了樹林間偶爾傳來的啁啾聲之外，四下一片靜寂，一如過去一千多年那般。因此，這裡看不到絲毫人類干預的痕跡：沒有被壓扁的啤酒罐，沒有洋芋片的空袋子，也沒有任何塑膠垃圾。

中午略事用餐後，我們就繼續沿著愈來愈寬闊的河道往前划行。我很好奇這裡是由什麼單位負責管理。唐告訴我，自從一九八九年起，黑河有很大一部分都歸「北卡羅萊納大自然保護協會」所管轄與維護，其中最大的一個區域便是三姊妹沼澤。目前，黑河和所有支流兩岸的一萬七千九百六十英畝土地（包括三姊妹沼澤在內），都由該會和幾個州立保育機構以及「北卡羅萊納濱海土地信託基金會」（North Carolina Coastal Land Trust）共同持有。

落羽杉是否能持續存活並得享天年，端賴這些機構的保育工作。身為這個河溪交錯的黑河流域成員，落羽杉不僅能夠降低此區洪水的強度，根部也能防止土壤被過度侵蝕，同時並吸收各種污染物，避免污染物擴散至整個地區。除此之外，落羽杉也庇護著許多種生物，包括那些必須在沼澤裡繁殖的兩生類動物、在樹洞或枝條間築巢的水禽和猛禽，以及習慣在水裡的木頭內部或周圍產卵的魚類。

我們繼續在林立的落羽杉膝根之間划行，不久，話題便轉移到野生動植物身上。唐告訴我，野火雞和短尾貓是這一帶最常見的動物。此外，這裡還有一種很罕見的彩虹蛇，身長三到四呎，棲息在沼澤的隱密處。這種蛇最特別的地方在於：不像較為常見的珊瑚蛇那樣，身上有著環形的彩色條紋，而是從頭到腳都布滿直條狀的彩色條紋。雖然這種蛇沒有毒，但我還是忐忑不安地朝著落羽杉的膝根四周張望，看看那裡有沒有任何橘、黑、黃三色的波狀條紋。

我問唐為何我們這一路上連一隻鱷魚都沒看到。由於不久前我才看到一則新聞，說一個女人掉進了佛羅里達州的一座沼澤，結果立刻就被兩隻鱷魚（牠們具有非常古老的演化歷史，在大約三千七百萬年前的漸新世就出現了）攻擊，因此我確信我們這一路上一定會碰到好幾隻鱷魚。但唐解釋道，鱷魚雖是典型的沼澤生物，但在下游靠近大西洋岸的河段才比較常見，因為那裡的氣候溫暖得多。

行程結束時，我深深慶幸自己能夠來到這座沼澤，並見到其中的動植物。這裡並非回憶過往之地，而是現代人的一個庇護所，使我們得以遠離日常生活的磨難、成敗或壓力。雖然原始，卻有其必要性。

今天，我們正處於荒涼的「人類世」時代，面臨氣候變遷、生態惡化等問題，但傲慢的政客卻為了短期的經濟利益，不惜耗盡地球的資源。此刻，人類文明正面臨一個巨大轉捩點，但我們卻往往只埋頭注意眼前。黑河和三姊妹沼澤讓我們意識到土地、天空和水的存在，並提醒我們應該與它們交流。

年輪氣候學家瓦樂莉・楚埃特（Valerie Trouet）在她那本動人的書《樹的故事》（Tree Story）中曾經提到神祕的落羽杉。她說這種生於沼澤的樹往往可以長到一百五十呎高，樹幹直徑可達十二吋。根據她的說法，要判定這些樹的年齡，往往需要有人先把一些爬樹釘釘到樹幹上（這些釘子並不會對樹木造成任何損害），再踩著這些釘子爬到樹上，然後用一組繩子和繫索把自己固定在膝根上方的位置，並用生長錐鑽進樹幹較粗的部位。這樣很容易就可以穿透落羽杉柔軟的木質，提取一截細細的木芯以便計算年輪。

楚埃特強調，儘管落羽杉生長的地方很潮濕，但年輪還是會清楚地反映出沼澤水位的變化。她指出，當水位很高時，水中溶氧量較高，因此水質較佳。當水位低、水質差時，落羽杉長出的年輪就會變得很細。因此，透過樹齡學的研究，我們可以一窺落羽杉之所以如此長壽的原因。

二〇一九年，一篇題名為〈長壽、氣候敏感度與北卡羅萊納州黑河的濕地樹木之保育狀態〉（longevity, Climate Sensitivity, and Conservation Status of Wetland Trees at Black River, North Carolina）的研究報告，被刊登在當期的《環境研究通訊》（*Environmental Research Communications*）期刊中。

這篇報告的作者群指出，他們在北卡羅萊納州黑河岸邊發現了一棵至少已經有兩千六百二十四歲（二〇一九年時）的落羽杉（BLK227）。同樣令人驚訝的是，他們宣稱這棵樹因此成為北美洲東部已知最老的一棵活樹，在全球最老且仍然具有繁殖能力的非無性生殖樹木中排名第五，也是全球已知最古老的濕地樹種。同樣重要的是，他們還宣稱他們也提取了該區另外一棵樹（BLK69）的木芯，結果發現至少已經有兩千零八十八歲了。

該報告的作者群指出，黑河的河道長六十哩，長在岸邊濕地的落羽杉有好幾萬棵，而經他們提取木芯並判定年齡的落羽杉僅僅一百一十棵，只占其中的一小部分，因此那裡可能還有好幾棵已經超過兩千歲的落羽杉。此外，他們所發現的那棵兩千六百二十四歲的落羽杉（BLK227），也讓科學家們對古代黑河區域的氣候了解往前推進了九百七十年。

有鑑於此，這些研究人員呼籲有關單位要設法保護這些樹木。他們指出，有大片的古老落羽杉林仍處於未受保護的狀態，因此有關單位實有必要立即採取保育措施，否則樹林很容易受到商業開發案與住宅興建方案的入侵。而在「古老落羽杉聯盟」（Ancient Bald Cypress Consortium）等機構和大衛・斯塔勒（David Stahle）等人士認真不懈的推動下，情況已經有了改善。

斯塔勒是阿肯色州大學一位傑出的地球科學教授，也是那篇有關兩千六百二十四歲的落羽杉（BLK227）論文的主要作者。他從一九八〇年開始就一直擔任阿肯色州大學「樹木年輪實驗室」（Tree-Ring Laboratory，簡稱 TRL）的主任。該實驗室成立於一九七九年，主要目標是根據全球各地古森林的年輪資料，還原過去的氣候與溪河流量、了解過往的極端氣候對社會經濟所造成的衝擊、推斷歷史建築物的年代、找出全球各地區的古森林並標示出所在的位置。除此之外，該實驗室也積極參與古森林的保存工作。到目前為止，他們已經協助保存了美國南部的柏樹與水生紫樹森林中剩餘的老樹、美國中部的幾座橡樹與山胡桃森林、加州的藍橡樹與針葉樹林地以及墨西哥州的針葉樹林。

斯塔勒表示，樹木年輪實驗室後來之所以會推動成立古老落羽杉聯盟，是想和學術界、土地管理及保育部門以及一般大眾一起合作，共同進行各項研究，藉以保護大自然，因為大量的伐木、土地的開墾、過度的開發以及各種形式的人類干預，顯然已經對古老的落羽杉造成了相當程度的負面影響。

春初時，我趁著斯塔勒在科羅拉多州度假的時間訪問了他。那次會談讓我收穫甚豐。一開始，我問他黑河的落羽杉如何讓人類對這種樹木的壽命有更進一步的認識。斯塔勒解釋道，自從二十世紀初期，科學家們就已經知道落羽杉——尤其是卡羅萊納州的落羽杉——能夠活到一千年以上。那是因為當時一位任職於美國農業部林業局的森林技師韋爾博・馬通（Wilbur Mattoon）曾經造訪美國東南部各地伐木業者的伐木現場，花了許多時間計算樹木的年輪。後來，有些科學家也仿效他的做法，開始計算那些被砍下的落羽杉木頭年輪。斯塔勒表示，這項研究乃是有關落羽杉壽命的「指標性研究」。因此，自從二十世紀初期，我們就已經知道落羽杉的壽命通常很長，而且往往可以活到一千年以上。

一九八〇年代，斯塔勒開始在卡羅來納州進行田野取樣工作。當時，在他們能夠以樹齡學研究方式明確判定歲數的落羽杉中，最老的一棵是一千六百五十歲。後來他和同僚心想，黑河地區的落羽杉都已經很老了，而且年齡都尚未經過確認，於是便回到黑河，全力研究那些樹木的年齡。從一開始，他們就知道有些樹並不會每年都長出一道年輪，因此年輪的數目可能少於實際的歲數。斯塔勒表示，落羽杉的美妙之處在於：雖然生長在濕地，但從年輪的粗細中卻可以明顯看出氣候的變化。他說，落羽杉年輪的粗細與每年生長季的降雨量有高度的正相關。也就是說，儘管黑河沿岸經常洪水氾濫，但每年三月到七月間的降雨量愈多，那一年落羽杉長出的年輪就會愈粗。

他進一步指出，這和水分的蒸發散（水分由地表蒸發，以及從植物體內蒸散到空氣中的過程）有關。由於蒸散量非常龐大，樹木往往跟不上，以至於在洪水氾濫時期，根系會上升到接近水面的位置。之後，當遇到乾旱時，這些根就會暴露在乾燥的空氣中，而樹木本身就會面臨內部水分不足的壓力。斯塔勒接著強調，科學家們已經發現：他們在美國、墨西哥和瓜地馬拉所檢視過的每一棵落羽杉，都反映出降雨量與年輪粗細呈正相關的現象。由於氣候所造成的影響如此明顯，他們可以將所有樹木的年輪交叉比對，找出不一致的地方，然後就可以得到幾千年前落羽杉的生長狀況。

斯塔勒指出，他們以樹齡學的方法和放射碳定年法檢測的結果證實，「黑河保護區」的落羽杉當中，有些已經活了兩千多年，有些更可能達到三千多歲了。他表示：「這是有關美國東部地區落羽杉的一項新發現。」在該篇論文發表的同時，斯塔勒和他的同仁也在黑河保護區舉辦了一場記者會，公布這項研究結果，目的是提升該保護區的知名度，吸引大眾對那些落羽杉產生興趣並且公開募款。論文所引發的關注果然讓他們募到了不少資金。後來，他們便用這筆款項購買了更多的土地，並進一步保護黑河沿岸的古老落羽杉。

他的話激發了我的好奇心，於是我便開始提出一連串的問題。其中之一便是：落羽杉何以能夠如此長壽？

「落羽杉天生就有長壽的基因。」斯塔勒解釋道。「經過長期的演化後，它們為了適應環境做出了一些改變，而這些改變已經被寫入基因當中，傳給了下一代。事實上，所有的老樹都是這樣，無論它們生長在哪裡。」

他進一步解釋說，落羽杉為了適應環境，發展出了不可思議的抗腐爛能力。這是由於它們生長在潮濕的環境中，因此壽命有很大一部分取決於對抗腐爛的能力。斯塔勒同時強調，落羽杉之所以能夠活這麼久，還有一個很重要的因素：當颶風或強風破壞了樹冠，甚至將之完全摧毀時，它們總是能夠長出新的小枝來，而這些小枝又會逐漸長成新的樹冠。

接著，他又熱情洋溢地告訴我，幾千年來，黑河的古老落羽杉頻頻遭到颶風吹襲，但那裡的景觀仍然像恐龍時期的白堊紀一般。「美國其他地區也有很老的樹，尤其是在西部……但都不像長在東南部濱海平原黑河流域裡的這些落羽杉這樣，美得不可思議。」

談話末了，斯塔勒提到了他的研究的重要性。他感嘆道，古老森林一旦被破壞了，我們這一輩子想要看到它們再生，是不可能了。

我掛上電話，靠在椅背上思索斯塔勒方才所說的話以及話中的意涵。大自然仍然有許多不為人知的奧祕。科學家憑藉著他們的耐心，偶爾能窺見一二，但往往毫無所獲。顯然，大自然並不願意透露祕密，但時間對它有利，畢竟為時幾百、幾千年的事情是人類難以參透的。

我想起很久以前約翰·繆爾（John Muir）所說的話：「要了解宇宙，最容易的方法就是進入一座荒野中的森林。」我相信，他所說的「荒野中的森林」必然包括北卡羅萊納州東南部一條流速緩慢、遍地沼澤的河川。

戈登·漢普頓（Gordon Hempton）在他那本引人入勝、充滿洞見的著作《一平方英吋的寂靜》（*One Square Inch of Silence*）中指出，「安靜」已經成為瀕危物種了。他感嘆道：「我們的日常生活已經被各式各樣的人類噪音淹沒了。」他決定在那些能夠撫慰靈魂的聲音地景完全消失之前，將它們錄下來。於是，他便從美國西部一直走到東部，錄下美國大地上那些來自大自然的聲音，其中包括駝路的叫聲、畫眉鳥的啼聲、松雞的咕咕聲、蝴蝶振翅的聲音、瀑布轟然流下的聲音、葉子颯颯飄動的聲音以及郊狼寶寶的低語聲。他說：「與其說話，我寧願聆聽。唯有如此，才能得到最真實的印象。」

我沿著黑河航行，偶爾會在某個地方稍作停留。有幾次，我感覺周遭那些樹木彷彿天生就有讓人安靜下來的能力，因為它們隔絕了我們已經習以為常、人類的噪音。

當我划著船繞過那些掉落在河上的樹枝，穿越一座陰鬱的森林，並從兩岸林立的古老落羽杉之間經過時，總感覺四周萬籟俱寂，心情也因此平靜下來：血壓降低了，身體放鬆了，頭腦也比較清醒。我知道，聲音污染往往會引發負面的反應，危害我們的健康，例如造成慢性壓力、使得體內壓力荷爾蒙（Stress hormone）的濃度過高等等。這自然會對人類的壽命造成負面的影響。在落羽杉森林中，我們有機會可以放鬆，並回到比較自然的狀態。

在所有的地景中，河流和我們的關係最為密切，它是我們的生活、語言文字和歷史的一部分。據估計，美國有超過二十五萬條河流，全長超過三百五十萬哩，足以環繞地球約一百四十一次，相當於地球到月球距離的七倍。河流是我們重要的文化標誌，也是我們與大自然之間的連結。它們流經原野，劃分疆界，為各種農作物帶來養分，也提供我們無數的娛樂，例如釣魚和滑水等等。我們在河流上度假、建立城市，也利用河流將大量水分運送到乾旱的土地以及攸關民生的水庫。除此之外，河流也能創造生態系統、毀壞農田，搬運土壤並成為動植物的棲地。

在黑河那些古老的落羽杉之間划獨木舟，讓我的感官變得更加敏銳，也讓我對大自然的力量與潛能有了更深刻的體認。我從中得到了一個啟示：我要聆聽自己該聽的聲音，而非那些我不得不忍受的聲音。

CHAPTER 6 超乎記憶的量度

俗名 顫楊
學名 *Populus tremuloides*
年齡 介於八千到一萬兩千歲之間
地點 猶他州，魚湖

西元前七〇〇〇年，加拿大，安大略省

風挾帶著冰晶呼嘯過峽谷，一如過去數千年那般。冬日就要降臨，河面已經結冰。遠處的山丘覆蓋著一層薄雪，在季節交替的時節顯得分外寂靜。到處都可見到一座座松林、雪松林與雲杉林。這些樹木的針葉上包覆著蠟質，不僅可以在夏季時避免喪失水分，也讓樹木得以度過嚴寒的冬天。眼下，氣溫已經急遽下降，許多動物紛紛結隊南遷。一群猛獁象靜靜地站在那裡。

牠們一共有九個成員：三隻幼象，六隻成象，其中包括一隻已經三十七歲的母象領隊。自從她出生後，每年都像這樣帶隊千里跋涉。不到四十八小時之前，牠們才抵達這裡，但已經遭逢了一次不幸的事故：一個年幼的成員死了。那是三隻小象當中的一隻。牠在探索當地地形時，走到了一段已經結冰的河面上。但那裡的冰層太薄，連嬰兒的體重都無法承載，於是冰層陡然裂開，小象掉進冰冷的河水中。牠的母親只能站在岸上，看著牠拚命擺動四肢，大聲哭嚎，卻無能為力。不久，小象便被凍死在水裡了。

從上新世（約五百萬年前）一直到全新世（開始於大約一萬一千七百年前）這段期間，猛瑪象的種群生活在廣闊的凍原及冰河平原上。非洲、歐洲、亞洲以及北美大陸上，到處都遊盪著如今皆已滅絕、種類各異的猛瑪象。有很長一段時間，科學家們都認為猛獁象是在一萬年到一萬兩千年前滅絕的，但近年他們針對沉積物所作的eDNA研究顯示，西伯利亞中北部至少在西元前二〇〇〇年時仍有猛獁象活著；在西伯利亞東北部，至少在西元前五三〇〇年時，還有猛獁象的蹤跡；在北美洲大陸，至少在西元前六六〇〇〇年時尚未滅絕。這種象的行為模式與體型大小，和今天的非洲象近似，牠們的特色在於那兩根彎彎的長牙，而且一隻象一生當中要換六次牙。這些象牙往往長達十到十三呎，在競爭防禦時是種可怕的武器。

那隻母象有了動作，牠將長鼻子高高舉起，發出了一聲尖叫，示意象群上路。在此同時，遠方的樹林間有一些陰影正在移動，牠們踩著有肉墊的腳掌悄悄前進，並且仔細地觀察著眼前的獵物。猛獁象開始移動時，這群掠食者也隨之前進——牠們已經有一個多星期沒有吃飽了，此刻正亟須為自己和孩子找到一些食物。當牠們看到隊伍中有一隻生病的老象時，就逼得更近了。此時，山谷一片靜寂，但這樣的靜謐很快便會被打破。

西元前七〇〇〇年，猶他州中部

在這座加拿大峽谷西邊約一千九百哩之處有一個地方，那裡觸目盡是一座座弧形的高原與高大莊嚴的山脈，但因終年冰雪而草木稀疏。山下的土地是由沉積岩、火成岩和變質岩所構成，並且含有五百多種礦物質。這裡的地質很不穩定，四十億年來屢屢遭受地震、火山爆發、山崩、洪水等地質作用力的影響。此外，由於被冰河切割以及風雨侵蝕的緣故，這裡的岩石已經扭曲變形，有著許多縐褶與斷層。它們一度聚集在一起，形成壯觀的巨大團塊，但後來就消失了。

至少在一萬年多前（當時仍處於更新世時期），這裡就開始出現了人類的足跡。他們是游牧民族，以家戶為單位，三五成群地跟著猛獁象與野牛的腳步並狩獵野兔與雁鴨。除此之外，這裡還有一群巨型動物，包括大地懶（giant sloths）、駱駝以及如今已經絕跡的馬。

西元前九七〇〇年左右，這裡的氣候開始逐漸改變，原本酷寒的環境變得溫暖、乾燥了一些，而無法適應的動植物就逐漸滅絕了。這樣的改變，也迫使當時居住於此地的古美洲人逐漸改變生活方式，他們開始使用不同的工具，養成不同的生活方式與風俗習慣。這個演化過程極其緩慢，而當時的猶他州中部正處於這樣的變動中。

即便氣候變得溫暖、乾燥了一些，此處仍然被廣大的冰層所覆蓋。這片冰層雖然由南往北逐漸消退，卻造成了無所不在的影響，以致此地草木稀少，連一棵樹都看不到，土地也崎嶇不平，坑坑窪窪。此外，那些廣闊的湖泊、受到侵蝕的山脈、圓頂的山丘和沖積層，也都是冰蓋所留下的遺跡。

現今

在這一章，我將向你們介紹一棵樹，它名叫「潘多」（Pando），是一棵單獨生長的樹，因此照理應該屬於下一篇的範圍，之所以會被我放在這裡，有兩個原因，但都與科學無關。首先，大多數遊客都以為它是一座有著成千上萬棵樹的林子，一如他們的後院或公園裡的橡樹林、松樹林或榆樹林一般。其次，還有一個與文法有關的原因，沒錯，潘多是一棵樹，有自己的名字，但大多數人都用複數來稱呼這個巨大的樹木複合體：「看哪！這麼多美麗的顫楊樹！」

我在尋訪古木期間，曾聽到許多傳聞，說猶他州中南部一座廣大盆地旁邊長著一棵巨大的樹，它的體積、質量和重量都遠超乎一般人所能理解和想像。

你們不妨想像一下藍鯨的樣子，牠是海中的龐然大物，體長可達九十八呎，重量可達一百九十六噸，是目前已知最巨大的動物，比白堊紀任何一種蜥腳類恐龍或今天的所有陸生動物都更加龐大。

但比起這棵長在科羅拉多高原最西邊的峽谷地帶的樹，藍鯨卻相形見絀。根據科學家在二〇〇八年所做的基因檢測：這棵樹占地一百零六英畝，相當於六十座專業足球場。同時，它在輪子尚未發明、陶罐尚未出現、冶金術尚未問世時就已經萌芽，並且一直活到現在，如今已經大約八千到一萬兩千歲了。據估計，這棵樹的重量約莫一千三百三十萬磅，相當於三十四隻藍鯨的體重，而體積則是全球第二大棵樹——位於「紅杉國家公園」（Sequoia National Park）的「雪曼將軍」（General Sherman）——的三倍。

潘多（拉丁文的意思是「我傳布」）是一棵顫楊。這種樹通常生長於北美洲西部海拔五千到一萬兩千呎之間，有「拓荒者之樹」的稱號，因為在那些長年被冰河覆蓋、偶爾會發生山崩或嚴重乾旱的地方，顫楊通常是最先萌芽的樹。除此之外，在那些剛發生過山林大火的地方，也經常可以看到顫楊長出的幼苗。

乍看之下，你會覺得潘多好像是一座有著四萬五千多棵樹木的森林。從某個角度來看，這也沒錯。但就像所有的顫楊樹一般，潘多主要是靠著「根芽」（root sprouts）繁殖的。這種方法通常被稱為「無性生殖」或「分蘖」（suckering）。這些垂直增生的部分一般被稱為「樹」、「莖」，但從植物學的角度來說，這些名稱都是不正確的。為了準確起見，我在本章中將會使用比較可以接受的「枝條」一詞。

顫楊樹的林子必然是從一株幼苗開始慢慢發展出來的。然而，顫楊的根系就像某些植物的根莖一般，會在其上長出新芽（正確的說法是「吸芽」）。由於吸芽是垂直長出表土，因此經常會被誤認為是一棵獨立的植株。但事實上，它們只是從土壤底下一個錯綜複雜的根部網絡延伸出去的枝條。因此，所謂的「顫楊樹林」，其實只是一棵有著龐大地下根系的顫楊樹在地上長出的許多直立的枝條。這種集合體通常被稱為「克隆」（clone），這是一個科學名詞，指的是一群有著相同基因、相似特徵和一個共同根系的個體。

因此，潘多是一棵樹，一棵有著四萬五千多根枝條的公樹，它的每一根枝條可以長到八十呎高、三呎寬，成熟後的樹冠直徑可達三十呎左右。它雖是克隆，但仍然是一棵大得不可思議的樹。

潘多是在一九七六年被一位空中攝影師發現的。它的每一根枝條都有著同樣的基因，到了秋天葉子變色時，那四萬五千根枝條都有著同樣燦爛的色澤。從空中俯視，你會發現這些顫色和鄰近的顫楊「克隆」的葉子顏色明顯不同。簡而言之，潘多有著獨特的色彩與色調，和其他顫楊叢明顯有別。

潘多雖然占地甚廣，但最特殊的地方並不在於大小，而是年齡。不過，在這方面，人們經常做出錯誤的解讀。

錯誤的資訊一旦被散播出去，就很難從大眾的認知裡抹除了。當這類錯誤資訊透過社群媒體廣泛傳播後，往往就會被視為事實。關於植物，也是如此。舉個例子，一直有人宣稱潘多已經八萬歲了，但事實並非如此，而且差得遠了。

說來奇怪，所謂「八萬歲」的說法，很可能是出自許多年前美國林業局所發布的一份未註明日期的文件。這份文件在提出「八萬歲」這個數字時並未註明出處，也沒有任何科學性的注釋，更未提到任何可以驗證的相關研究，因此必定只是某人的猜測。但由於這個數字出現在一份看似可靠的報告中，許多新聞媒體未加查證便紛紛報導，而且由於這個數字出現的次數太多了，後來的人在撰寫文章時便將它當成了事實，繼續引用。然而這個「事實」根本沒有經過查證或科學界的確認，也不是任何經過同儕審查的研究所得出的結果。

這個數字之所以不正確，有好幾個原因。首先，在八萬年前，我們今天所謂的「猶他州中南部」仍然處於冰河期。所謂「冰河期」，指的是地球的氣溫相對寒冷，因此地球處於有很大一部分地區都被冰河以及巨大的陸地冰蓋所覆蓋的一段時期，而且歷時往往長達數百萬年乃至數千萬年之久。此外，冰河期也可分為幾個較短的時期（大約每期一萬年），包括氣溫較為暖和、冰河往北極退卻的「間冰期」，以及氣溫較為寒冷、冰河往南前進的「小冰期」。

在歷史上，地球經歷過至少五個主要的冰河期。最早的一個發生在二十幾億年以前，最近的一個則發生在「勞倫泰德冰蓋」（Laurentide Ice Sheet）時期。而最近的這個冰蓋是更新世（大約兩百六十萬到一萬一千七百年前）時覆蓋北美洲大陸的主要冰層。它在極盛時期一度往南擴展至北緯三十七度（大約是現在猶他州和亞利桑納州、科羅拉多州和新墨西哥州，以及堪薩斯州和奧克拉荷馬州的交界之處），覆蓋面積超過五百萬平方哩，只比現在南極地區的面積略小。當時，地球的平均溫度比今天冷了華氏十到四十度（攝氏五點五到二十二度）。總而言之，當時的猶他州仍然荒涼嚴寒，氣溫劇降，土地大多為巨大的冰河所覆蓋，以致大多數植物（包括樹木在內）很難發芽與生長。簡單的說，在八萬年前，北半球有一大部分地區（包括現在的猶他州）都處於草木不生的狀態。

其次，我們很難準確地估算潘多的年齡。由於它盤踞的面積非常廣大，想要判定該在哪一個位置做年輪分析，就好比是大海撈針一般，而四萬五千多根枝條當中的每一根，頂多都只有一百五十歲左右（這是顫楊枝條壽命的極限），因此不適合用生長錐來取樣。此外，由於潘多沒有像紅木或紅杉那般粗大厚實的木質主幹，因此根本無法計算整體的年輪，而根部也因為在地下延伸甚廣，很難精確地算出年齡。

經常用來測定古物年代的放射性碳定年法也不適用於潘多身上，因為要採用這個方法，就必須找到幾千年前潘多某個枝條的碎片。可惜科學家們迄今尚未發現這樣的碎片。主要的困難在於潘多占地廣達一百零六英畝，他們實在不知道要從哪裡開始找起。

因此，我們無法用現代的科技來準確判定潘多的年齡。不過，科學家們一致認為（至少到本文寫作時為止），潘多的年齡頂多只有一萬兩千歲，因為一萬兩千年前大約就是最後一個間冰期開始的時間。同理，他們判定潘多最少有八千歲，因為顫楊樹的枝條大約每年會向外擴展三呎。所以，用潘多的整體面積除以它的增長率，所得出的數字大約就是八千。當然，這個增長率主要是根據顫楊在理想的環境條件（有持續的日照以及來自雨水和溶雪的大量水分）中的生長狀況算出來的。因此，科學家們對潘多年齡的估計（介於八千歲到一萬兩千歲之間）似乎是很合理的。

「潘多之友」協會（Friends of Pando）是一個環保組織，成員包括科學家、林業局的人員、植物學家、樹藝師、環保人士、生態學者、高中生與大學生，以及喜愛潘多並想要進一步解開其奧祕的一般大眾。他們對如何保護潘多的議題非常關切，希望能讓潘多再活上幾千年。他們的目標是讓大眾對潘多有進一步的認識，確保它能繼續存活。此外，他們也希望能澄清許多不實的訊息。

潘多之友的執行董事藍斯・奧迪特（Lance Oditt）年輕時就對樹木非常著迷。

二〇一七年，他首度見到潘多，到了二〇一九年，他便開始連絡那些和他一樣喜愛潘多並希望後世子孫都有機會目睹這個自然界奇觀的人士。他學的是公共服務，又曾經數度在高科技產業擔任大型計畫的負責人，因此擔任潘多之友協會的執行董事，使他有機會將藝術、科學融入組織管理當中，並擬定長期的計畫，以期保存這棵具有代表性的樹。

我打過好幾通電話給奧迪特，也曾透過視訊與他見面，因此愈來愈了解他對潘多的熱情。和他談話，感覺就像和一個老朋友在鎮上的俱樂部一邊喝著啤酒，一邊討論一場經典職棒賽事一般。他是個謙虛、喜愛交際的人，和他交談讓我增長了不少見聞。他顯然非常喜愛潘多，從他熱切回答我的提問的態度，就可以看出他真的有心要為潘多做點什麼。他告訴我：「人們應該去拜訪潘多，因為世上居然有潘多這樣的樹木存在。要欣賞潘多不一定要有什麼環保觀念，也不一定要當一個科學家。你只要待在它身邊就夠了。」

奧迪特解釋道，儘管潘多是全世界最大的一棵顫楊，也是最重的一棵，就重量和占地面積而言，也是全球最大的一棵樹木，但它最吸引人的地方在於：擁有四萬五千多根具有同樣基因的枝條，而且這些枝條都透過同一個根系相連，這個根系卻能讓占地如此廣大、數量如此眾多的枝條在能量的製造、防禦與再生方面都達到平衡狀態。這改寫了「樹木」一詞的定義。他說：「關於『潘多』，你不能光從植物學、地質學、生態學或土地管理的角度來思考，而是要做跨學科的探討。要重新審視『樹木』的定義。」

我向他問道：關於長壽這件事，我們能從潘多身上學到什麼？他便興高采烈地說起第一次拜訪潘多的經驗。他表示，當時他滿腦子關注的是潘多究竟是如何克服困難，存活下來的，同時也被別人對潘多的看法給影響，但他在潘多的枝條間待了很長一段時間後，才意識到潘多雖然面臨各種壓力和挑戰，卻仍不斷試圖再生。他解釋說，如果你把潘多的一根枝條砍掉，它就會從根部再長出一根新的，以便讓整個系統恢復平衡。此時，它在地底下的那個盤根錯節的根系也會變得更大，所以才會得到潘多這個名號。

我不禁想到：顫楊的根系中的每一個地方都有可能會冒出枝條來，雖然每根枝條只能活上大約一百五十年，但整個根系的壽命卻有可能長達好幾千年。就以潘多為例，它的根系便極其龐大。據「西部顫楊聯盟」（Western Aspen Alliance）的主任暨「潘多」的首席研究員保羅．羅傑斯（Paul Rogers）估計：如果把潘多的整個根系，從一頭拉到另一頭，其長度可能達到一萬兩千哩，足以環繞地球半圈。

接下來，我提到了長久以來有關潘多年齡的一些爭議，尤其是通俗媒體、網路、部落格、社群媒體和影片中所傳播的那些錯誤數字。我問奧迪特：「八萬歲」這個數字到底是怎麼來的？他說，那是早期的揣測，但現在我們已經知道這個數字不可能是正確的，因為直到大約一萬兩千年前，潘多目前所在的地點一直都被冰河所覆蓋，而且天氣十分嚴寒，任何樹木都不可能生存。他指出，人們往往對壽命很長的事物或很大的數字特別感興趣，因此很容易就相信「四萬歲」乃至「八萬歲」這樣的說法。但對類似潘多之友這樣一個非營利組織而言，這可能會造成他們募款上的困難，因為人們會認為潘多實際上已經等於是長生不老了，因此沒有什麼迫切需要解決的問題，便不願意捐款或挹注金錢了。奧迪特表示，這顯示我們人類對長壽這件事往往有著不切實際的想像。

奧迪特指出，潘多雖然以長壽著稱，但人們對它的形容也經常引發爭議。他說，有許多學者、土地管理人、媒體以及和潘多之友協會有關的人士都告訴他，潘多不應該被稱為全球「最大的一棵樹」，因為它是一個「克隆」。他覺得這種說法挺奇怪的。他指出，將潘多視為一個克隆，可以幫助我們了解應該如何管理它，但說它是個「克隆」卻無法引發大眾對它的興趣。這在募款時會變成一個大問題。他強調，媒體在提到潘多時，往往會用誇大的標題和無趣的稱呼，說它是「世上最大的克隆」，但這種說法對潛在的捐款人來說並沒有什麼吸引力。

奧迪特提醒我，我們研究潘多的時間還不到二十年，而且有許多數據實際上都是來自科學家針對顫楊這種樹木（而非潘多本身）所做的研究，但他們卻根據這些數據猜測潘多具有像其他顫楊樹的特性。就某些方面而言，這並沒有錯，但在其他一些方面，則並不盡然，因為潘多比其他顫楊克隆要大得多。

談話進行到此，我向奧迪特問起他們未來對於潘多有何規劃。他的回答坦率而明確。他說，潘多之友協會已經和「魚湖國家森林」（Fishlake National Forest）建立了長期的夥伴關係，未來將密切攜手合作，探討該如何募集資金、保護潘多、制定各項相關的計畫、讓一般大眾更加認識潘多，並根據現有的最可靠的研究結果來照顧它。他說，這是我們之前沒有做到的。如今一切都剛剛開始。我們已經知道潘多還活著，而且世界上有像它這樣的樹木，因此便有機會去做一些值得做的事情。

奧迪特表示：「最後，我要說的是，潘多仍在不停地改變中。」我同意這個說法。潘多改變了我們對樹木的概念，也改變我們對一般樹木的壽命的看法。在和奧迪特談了幾次之後，我想，現在應該是我親自去看看它的時候了。

我們的飛機在科羅拉多州的大章克申市（Grand Junction）降落時，天邊雲朵密布。我們下了飛機，拿了行李並租了一輛車之後，就沿著七十號公路往西開，朝著猶他州的魚湖前進。經過科羅拉多州和猶他州的邊界時，風景為之一變。觸目盡是黃褐色和棕褐色的廣袤土地，幾乎不見一絲綠意。一座座長長的岩石山脊經過風的削切後呈現出各種奇形怪狀的地貌。我們沿著公路開到了「拱門國家公園」（Arches National Park）、「峽谷地國家公園」（Canyonlands National Park）和「圓頂礁國家公園」（Capital Reef National Park）北邊。在三個半小時的車程後，我們終於進入風光壯麗的魚湖國家森林，也就是潘多所在之處。

魚湖長六哩，寬一哩，潘多就位於在此湖上方。此處海拔高度為八千八百四十八呎，除了潘多之外，還有幾叢山艾樹與杜松。猶他州第二十五號公路正好貫穿其中。每年來拜訪潘多的遊客中，有許多人看到有一條交通要道剛好貫穿潘多的心臟地帶時，都感到非常驚訝。十八世紀初期時，「老西班牙小徑」（Old Spanish Trail）——古時的一條貿易路線，大約七百哩長，是連通新墨西哥州北部與加州南部聚落的管道——的一個路段也曾經過潘多所在的地區。一九一八年，一條從「章克申高原」（Plateau Junction）往東延伸到魚湖的道路被納入了州立公路的系統，並在一九二七年被州議會命名為 SR-25 公路，但到了一九三五年時，在聯邦政府的資金挹注下，其西端便被遷移到南邊的「魚湖章克申」（Fish Lake Junction）。

我們經過了一面標示著「潘多」邊界的告示牌後，便來到了其所在之處，只見那裡觸目所及盡是高大的顫楊枝條，被圍在道路兩旁高高的柵欄內。這些柵欄分別設立於一九九二、二〇一三和一四年，目的是在保護潘多那些年幼的吸芽，因為有些牲口和野生動物很愛吃顫楊的吸芽，但這裡卻往往沒有足夠的天敵可以抑制牠們的數量。為了防止鹿和駝鹿的頻繁覓食，有大約五十三英畝的枝條被柵欄圍了起來。不過，遊客可以從周邊的幾個入口進去。

又開了不到兩哩路之後，我們來到了打算下榻的「魚湖度假村」（Fish Lake

Resort）。奧迪特在好幾個月之前已經抵達此地，於是我便和他連絡。後來，他來到了我們下榻的小木屋，和我討論此行的一些細節。經過一整天的奔波後，我們已經精疲力盡，於是早早就睡了。

第二天早上，我五點半就起床了，之後便站在那兒，看著眼前這個平靜的魚湖（猶他州最大的高山天然湖）。太陽緩緩地從四周的山峰後面緩緩上升，山谷中遍布著蒼翠的冷杉與雲杉。陽光穿透枝葉，將光線灑滿這座綠意盎然的山谷。

將近十點時，奧迪特和一位助理抵達了，他們要帶我們去造訪潘多。不到五分鐘後，我們就從柵欄的入口走了進去，沿著一條小徑前進。只見沿路的枝條都白得發亮，微風吹過時，枝葉便窸窣作響。我們彷彿走進了另外一個世界，另一個次元。

我和奧迪特循著山路上坡，以探查此處的地形。奧迪特告訴我，地質學家把這座盆地稱為「地塹」，也就是因某塊土地向下位移而形成四面斷崖的山谷。這種斷崖通常是由平行的正斷層所造成。當上盤向下位移，而下盤向上位移時，就形成了斷崖。所謂的「裂谷」（rift valley）通常就是由一個或幾個地塹所構成。關於北美洲的地塹，有一個很知名的例子就是太浩湖（Lake Tahoe）所在的那座深谷。

我們在低矮而茂密的杜松樹林之間迂迴而行時，我針對人們對潘多的一些誤解向他提問。他重申，早在潘多被發現之前，猶他州二十五號公路就已經穿越它的生長地了。也因此，許多人相信是這條路把潘多一分為二，但這種說法並沒有科學證據可以佐證。

奧迪特指出，潘多已經撐過了長達三百年的乾旱期。那段期間此地還發生了幾次天災，使得許多人紛紛遷離。我想到最近有幾篇文章提到：由於降雨量不足，再加上西部各州境內和科羅拉多河沿岸的山脈積雪場的雪量減少，美國西南部有許多地區已經連續二十幾年出現土地乾燥化的現象。在這樣的情況下，潘多要如何存活下去呢？

奧迪特在談到科學知識的傳播，尤其是網路上那些關於潘多健康狀況的錯誤資訊及不實的傳聞時，顯然非常感慨。有許多帖子都說潘多快死了。但他告訴我，目前並沒有明顯的證據足以證明這點。「我們知道它目前正努力再生，至於再生的速度，我們目前還不知道。問題是，當人們說某個東西快要死了的時候，他們指的往往是某個會消失的東西。但這會造成一種災難心態，也會讓人有一種無力感，以為這棵樹已經無可救藥了，但事實根本不是如此。」

我們繼續往上走，跨過了許多巨石以及幾片滿是浮渣的地，走在潘多那一根根壯觀的枝條間。偶爾有幾隻松鼠越過地上的倒木，但除此之外，這裡沒有其他生物。爬到更高處時，我想起潘多就像所有顫楊樹一般，是落葉性樹木。它的樹皮是白色的，上面有一些雜色的斑點，和山上針葉樹常有的那種深棕或淺棕色樹皮形成鮮明的對比。事實上，顫楊樹光滑的白色樹皮有時還帶著些許綠色、黃色或灰色的色調。此外，它們還有一個很獨特的地方：樹皮含有葉綠素，因此可以像樹葉一般行光合作用，以便在嚴寒的冬季裡讓樹液得以繼續流動。

另外，顫楊樹還有一個特點：樹皮上散布著許多「眼睛」。然而，那其實是一些橢圓形的疤痕，只不過輪廓很像人的眼睛。對於行走在顫楊樹林間的人而言，這些眼睛看起來挺超現實的。事實上，眼睛的位置正是顫楊枝條上的小枝掉落之處。由於枝條靠近地面處沒有小枝，因此在發生森林火災時，火勢便不致延燒到樹冠。要知道，一旦樹冠著火，周遭的火勢便會變得更猛，這樣一來必然會對樹木造成更大的損害。

一座顫楊樹林之所以能夠在森林大火中逃過一劫，純粹是因為龐大的根系深埋土裡，不致受到野火熾烈的熱氣所影響。在遇到低、中強度的火災時，顫楊樹甚至還可以充當天然的防火障，因為它的木材含水量很高，不易著火。等到火災過後，顫楊又會長出新的枝條，延續自己的生命。

我們呼吸著含氧量只有百分之十四點八的稀薄空氣，在一大叢濃密的枝條間找了一塊大石頭坐了下來。此時，我終於問了奧迪特那個我一直想問的問題：為什麼潘多會長得如此之大？

奧迪特說有一部分原因是因為潘多的適應力很強。他指出，潘多在遺傳條件下，是一個具有相當穩定的表現型性狀的克隆，也就是說，它是這個地區的主要樹種，而且禁得起各種惡劣狀況的考驗，例如山崩、雪崩、地震和暴風。每次有一根枝條倒下時，它就會產生一種荷爾蒙反應，要自己開始往外擴散。凡是地下有根的地方，都可以長出新的枝條。因此，只要有枝條倒下，潘多就能夠趁機生長。奧迪特又說：「顫楊是北美洲長得最快的樹木之一，一年可以長到三呎。別的樹很難長這麼快，因此也很難長得比它高。」

奧迪特強調，潘多不僅活著，而且還生機勃勃。儘管枝條眾多，還是有能力讓自己的養分、資源與防護力處於平衡狀態，不斷再生。前來觀賞的遊客會感受到一種古老而永恆的活力。他指出，潘多演示了一套複雜的生態法則，枝條上的水平小枝會自行脫落；雨季結束後，落葉可以為土地補充養分；白色樹皮可以保護樹木不受紫外線的傷害；在地下有一個複雜的根系；而且還有無數的機會可以再生。這一切都是它所採用的複雜生存策略。

我們繼續漫步在那些顫楊枝條間。我想到，顫楊雖然在日照充足的地方長得最好，而且無法忍受陰涼的環境，但在許多種土壤（無論是砂質或礫質土，抑或滿是腐植質的肥沃土壤）上都能夠生長。此外，由於它們需要大量的水分，因此也經常長在河谷中或小溪旁。久而久之，顫楊已經能夠適應各種不同的生態系統，並且克服來自環境的各種挑戰了。

只要有一絲微風或一陣輕風吹來，潘多的葉子便會輕輕顫動。這是顫楊樹最大的特色之一，也因此得名。顫楊的葉子非常獨特，不僅又薄又硬，而且幾乎是圓形的。葉片基部的輪廓圓潤，到先端則收尖，葉緣則有許多尖銳的鋸齒。但最特別的地方在於：葉柄呈扁平狀，和葉片垂直。從空氣動力學的角度來說，這樣可以減少葉片對枝條和樹幹的摩擦力，也因此，即使只有一絲微風，顫楊的葉子也會簌簌抖動。

至於潘多的未來，奧迪特告訴我，他探訪潘多只有六年的時間。這只是潘多一生當中的一小部分而已。他相信潘多在未來兩百、五百，甚或一千年間還會再給人類一些驚喜。「我感覺潘多對這塊土地非常了解，而我們得花很長一段時間才能趕上它。」

走著走著，我注意到有好幾根枝條已經生病，快要死了。奧迪特表示，顫楊會受到三種病蟲害的影響，包括黑煤樹皮潰瘍病（sooty bark canker）、葉斑病以及黴菌感染。這些病除了會影響樹木本身之外，還會影響龐大的根系。科學家目前仍不清楚潘多這些疾病嚴重的程度、影響的範圍、是近年才感染的，還是老毛病。只能說，這個問題還有待仔細觀察。

奧迪特提醒我，潘多一直在改變，也一直在進化。在某些地方，它還是會冒出新的枝條，但在其他一些地方，它只是勉強求生。此外，它還必須面對氣候變遷所帶來的各種挑戰，包括空氣中的二氧化碳濃度升高、極端氣候、土壤酸化、溫室效應以及人類的侵擾。潘多過去的表現證明它具有強大的復原力，但未來會如何，就很難說了。

行走在潘多壯觀的樹林間，能夠帶來淨化心靈的效果。那裡靜謐安詳，沒有人為的干擾。我注意到自己的脈搏變慢了，壓力也解除了。這充分說明了日本人口中「森林浴」的重要性。只要進入森林，透過所有的感官去體驗就可以了。這不是某種儀式，而是一種比較自然而健全的生活。在森林裡，我們得以觀賞那些彎曲的枝條和飛行的候鳥，嗅聞草原上芬芳的花朵，體會清風拂面的感覺，或欣賞天空中絢爛的晚霞，讓我們有機會重新與大自然連結。

實證研究已經顯示，長時間待在大自然中，對我們的健康具有非常正面的影響。無論是在樹林裡散步，沿著森林小徑漫遊，在鄉間的湖泊或寧靜的海邊逗留，或在都市的公園裡享用一頓簡單的野餐，都會帶給我們許多好處，包括血壓降低、壓力減輕、心血管健康獲得改善、免疫力提升、血糖降低、專注力提升、體重減輕等等。定期接觸大自然能夠提振我們的精神，對我們的生命很有益處，而且說不定也可以使我們延年益壽。總而言之，在潘多的樹林間徜徉，吸納它的氣息，可以昇華心靈，讓我們見證世間的美好與神奇。這些都是我們可以從潘多身上學到的功課。

CHAPTER 7 山中的巨人

俗名　紅杉（巨杉）
學名　*Sequoiadendron giganteum*
年齡　三千兩百歲
地點　加州中部，紅杉國家公園

西元前一一七八年，墨西哥，維拉克魯茲市，聖羅倫索（San Lorenzo Tenochtitlán）

巴巴庫是一位高明的工匠，負責為奧爾梅克（Olmec）的統治者雕刻石像。他的作品細膩傳神，在王國裡聲名遠播。祭司們尊敬他，一般百姓也認為他是個才華非凡的藝術家。他們會把巴巴庫的作品放在聚落中央的神殿中展示。這是一份無上的榮耀。

巴巴庫雕刻的石頭來自圖斯特拉斯山脈（Tuxtla Mountains）。這座山脈面積遼闊，其中有幾座沖積扇富含玄武岩。他總是不厭其煩地親手挑選品質良好、結構勻稱的石頭——他只要最好的。

每一尊頭像都是以一整塊巨型的玄武岩雕刻而成。這些石頭當時可能是從產地被運送到六十哩外、巴巴庫所在的村莊。在陸上，用來運送這些巨石的裝置，很可能是以胡桃木、松樹或人心果樹（sapodilla，當地一種高約一百一十五至一百三十呎、材質堅固的樹）製成的運材車。至於河運，有人猜測，當時用的可能是以輕木樹（balsa trees，原產於當地的一種樹木，其高度可達九十呎）製成的大筏子。

年復一年，巴巴庫的技法愈來愈精準純熟，他知道要從哪些角度下刀才不致把作品毀掉，也知道要用什麼樣的力道才剛剛好。這是他多年來歷經成功與失敗所獲致的心得。有很多次，他光聽鑿子鑿下去的聲音，就知道自己做得對不對。有時候那聲音聽起來圓潤而渾厚，有時候則很空洞。

就像許多雕刻家一般，巴巴庫會從不同的角度來觀察一塊石頭。他經常會一連好幾個月，反覆回到山上去看同一塊巨石，從各個角度審視。他知道，要把一塊沒有生命的岩石雕塑成某個統治者的頭像，關鍵在於想像。他會在腦海裡看見自己之後要創造出的形體。他相信那個形體就隱藏在眼前的巨石中，而自己主要的工作就是將它從這座石牢裡釋放出來。同時，巴巴庫也很清楚，他所雕出的頭像必須反映出那位統治者的經驗、情感與靈魂，必須達到完美的程度。

大多數雕刻家在創作時，都要花上好幾年的時間，但巴巴庫卻必須在一定的時間之內把作品完成。在這個過程中，他的助手們會幫忙把比較大塊的部分敲掉，但只有巴巴庫能用他那敏銳而精準的刀法讓手下的傑作成形。有很多時候，他會把手中已經雕刻到一半的石頭棄之不用，另找一塊。這工作既費力又單調，但巴巴庫與眾不同，他的堅持已經到了異乎尋常的地步。他所創造的王公貴人頭像，將流傳到千百年之後。

西元前一一七八年，加州中部

在維拉克魯茲市（Veracruz）西北一千八百零二十哩處，有一個土壤肥沃、物產富饒的地方。那裡住著好幾個原住民部族，包括瓦肖族（Washoe）、尤庫特族（Yokut）、奈塞南族（Nisenan）、中央波莫族（Central Pomo）、米沃克族（Miwok）、奧龍尼族（Ohlone）和雅納族（Yana）。他們都很擅於利用當地豐沛的動植物資源，也經常出於需要而相互通商，彼此交換貝殼（用來做為錢幣）、黑曜石、鹽、堅果乾、橡實、鹼蠅幼蟲（用來製成一種高蛋白粉）等物資。除此之外，魚類、駝鹿、松鼠、鵪鶉、羚羊、烏龜、貽貝、鴿子、鰻魚、蛤蜊和老鼠也在他們的交易之列。植物類的資源則包括苜蓿、莞草、心葉李、馬栗子、草莓、野葡萄、黑莓和野蜂蜜。

這些原住民部族大多以狩獵與採集維生。此外，為了防止大型的森林火災，他們會輪流焚燒各地的林下灌木叢與野草。這種做法可以活化土地，並讓林地長出新苗，吸引各種鳥獸，不僅能保護當地環境，還可改善環境。

他們相信：萬物——尤其是大自然中的事物——都有靈性。不僅人類如此，連岩石、植物、動物和樹木都有靈魂。事實上，科學家們直到近年來才發現樹木有一個地下溝通網絡，可以互相傳送有關疾病、乾旱或蟲害的「訊息」。但這些古老的部族似乎憑著直覺就可以知道樹木內部運作的情況。

大約三千兩百年前，在一次火災後，有一粒種子從一顆毬果中飄了出來，掉落在地上以後，就嵌入了肥沃的土壤中，開始發芽生長。由於那裡養分充足，種子出落得欣欣向榮，並且迎著溫暖的陽光逐漸長大。在同類的保護、滋養之下，終於長成了地球上最老、最受敬重的成員之一。它是一棵紅杉，曾經受到世世代代的美國原住民的尊崇。千百年後，來自各地的移民和旅客也將站在它的樹蔭下，瞻仰它的風華。

現今

這是一棵已經被燒焦的巨樹。它雖然已經死了，但依舊像過去千百年那般站在原地。在被大火（這是大自然最受誤解的一種力量）吞噬之後，它只剩下一具焦黑的軀殼，四周則散布著一層厚厚的灰燼以及許多棵同樣焦黑的樹木。這片土地在經過一場大火蹂躪之後，已經草木不生，一片荒蕪。

我們把車子停在紅杉國家公園內的梣嶺山脈（Ash Peaks Ridge）東邊那條「將軍公路」（General's Highway）旁。春末的陽光照得眼前的斷崖和山脊閃閃發亮。然而，當我們俯瞰著下方的山坡時，卻只看到一棵棵被二〇二一年那場ＫＮＰ複合野火（KNP Complex Fire）以及溫蒂野火（Windy Fire）燒毀的高大紅杉。眼前盡是焦黑的林木，面積達好幾英畝之廣。這些雄偉的樹木之所以慘遭祝融之禍，不是因人類不小心，而是由高山地區必然會發生的閃電所導致。

我看著眼前的景象，不由得倒吸了一口氣。這些樹已經在這座山坡生長了數千年，早在現代人入侵此地，修築道路以利伐木和旅遊之前，它們就已經在這裡了，但如今卻被燒得面目全非。山坡上只見一大片有如骸骨般的焦黑樹木，看起來就像一座墳場。其中各種樹木都有，包括紅杉在內。據估計，光是在二〇二一年的那兩場大火中，被吞噬的紅杉就占了全球總數的百分之五。如果再加上二〇二〇年那場卡瑟爾野火（Castle Fire）中被燒毀的百分之十四，僅僅不到兩年，全球就有將近五分之一的紅杉付之一炬。據估計，二〇二〇年的卡瑟爾野火燒死了一萬多棵紅杉，二〇二一年的ＫＮＰ複合野火燒毀了將近兩千四百棵，同年的溫蒂野火又燒死了一千兩百五十棵。

然而，和一般人的觀念相反，紅杉之所以能夠活得如此之久，火其實是一個不可或缺的要素。早在歐洲裔美國人到來之前，美國原住民就已經意識到火對紅杉林生態的價值。自然發生的火災（往往是閃電所導致）會把林下灌木叢和森林中常見的垃圾燒掉，而且火勢不大，使紅杉得以欣欣向榮，而這又為人類創造了更好的打獵、放牧和生活的環境。所以，原住民部族才會定期定點的焚燒林木，以調控森林的循環。

然而，歐洲移民到來之後，便認定火災會破壞森林，應該不惜任何代價保護那些林木。於是，自一八六〇年代到一九六〇年代，抑制火災便成了管理美國森林的典型手段。可想而知，在那段期間，內華達山脈的許多森林便出現了樹木和灌木過度生長的現象，林地上也滿是倒木枯枝，使得那些森林變得極度易燃。同時，天然火災發生的次數也大大降低了，許多森林因此成了自己的助燃物。

紅杉具有厚厚的纖維狀樹皮，可以阻隔森林火災時產生的高熱。此外，當它們長得很高時，大部分較低處的枝條就會像顫楊那樣自動脫落，可以大幅降低火焰燒到高處枝條的機率。

儘管紅杉有天生的防火機制，但火災在它們的繁衍過程中卻扮演了重要的角色，特別是在種子的傳布這方面。就像其他針葉樹一般，紅杉的種子被包覆在接近樹頂的毬果中。這些毬果不到兩年就可以成熟，但一般來說，它們可能有長達二十年的時間都是綠色的，而且處於閉合狀態。每一顆毬果各有三十到五十個成螺旋狀排列的鱗片，每一個鱗片上都有好幾粒種子。平均來說，一顆毬果大約有兩百三十粒種子。每一粒種子有零點一八吋長、零點零四吋寬，兩側各有一個零點零四吋的「翅膀」，約莫一顆番茄種子那麼大。將近九萬一千粒的種子，總共也才一磅重。

當毬果收縮致使鱗片打開（通常是在夏末天氣炎熱之際）時，有些種子會掉出來。但大多數都是在遭受蟲害或因火災的熱氣而變乾時才會釋出。毬果在受熱變乾時會開始收縮，這時，裡面的種子就會掉出來並落在林地上。大多數紅杉都可結出多達一萬一千顆毬果，每年散布的種子估計可達三、四十萬粒。這些有翅膀的種子最遠可能會飛到六百呎以外的地方，並且經常掉落在林中因發生過火災而裸露的土壤中，然後開始發芽。大火可以把老舊的植物與林中的枯枝敗葉燒掉，讓陽光可以透過樹冠層的縫隙照進來，為種子提供理想的生長條件。不過，儘管紅杉製造的種子多達幾十萬粒，但最終能夠發芽的還不及百分之一。

關於這個過程，樹木的年輪可以提供一些珍貴的訊息，因為年輪樣本往往可以顯示某個地區過往發生火災的次數。樹木被火灼傷後，會分泌大量的樹液將傷口包覆起來，以防止傷口因受到木腐菌的侵害而腐爛。只要森林裡沒有發生太大的火災，這樣的保護效果往往可以長達好幾百年。有些科學家指出，他們在檢視樹木的年輪並測量木頭中的樹液含量後發現，在過去兩千年間，森林之所以能夠持續存在，正是因為林中定期會發生火災的緣故。當氣候潮濕時，火災發生的次數較少，在極度乾旱的時期，火災就較為頻仍。年輪中的紀錄顯示：在十九世紀中期以前，非破壞性的森林火災，大約每六到三十五年就會發生一次。

十九世紀中期以後，火災發生的頻率就大幅降低了。這是三個因素交互作用的結果：首先，美國原住民部落焚燒林木的次數減少了；其次，在林地覓食的羊群數量顯著增加，因此林地上的草木及枯枝落葉被吃得很乾淨；最重要的是，聯邦和州政府機構積極的採取森林防火措施。

自從一九七〇年代起，林業局便將「策略性燒除」（prescribed burning）視為防制森林火災的手段。該局的一份文件指出：「『策略性燒除』指的是由合格公園人員有計畫地在最適當狀況下引發火災。這種方法可以用來恢復『賴火樹種』（fire-dependent species）的數量，為動植物創造多樣化的棲地，或減少森林中的易燃物，以防止破壞性的火災發生。所謂『易燃物』，包括活著的植物以及無生命的植物體如木頭、柴枝和乾燥的松針等等。」該文件接著指出，引發這類火災「的條件有嚴格的規定，而且必須在事先選定的地理區域內為之。時至今日，『策略性燒除』仍然是我們用來管理公園內紅杉林的必要手段。」這類火災向來都是由政府人員規劃、協調並管控。簡言之，這是一個高度人為管控的生態系統。

我在和亞歷桑納大學樹木年輪研究實驗室的瓦勒莉・楚埃特談話時，曾經問及火災對紅杉的生命（尤其是壽命）有何影響。她告訴我，在阿肯色州大學樹木年輪實驗室有一塊很大的紅杉木板，上面至少有一百道被火災燒出的疤痕。這表示，在紅杉的一生當中（通常可以活到兩千歲以上），火災是司空見慣的，而且紅杉雖然歷經這些火災，仍然能夠存活。她指出，內華達山脈的森林火災都是自然而然發生的，而且每隔五到十年就會發生一次。這類火災會把林下植物、青草、灌木叢和小樹燒掉，但通常不會把紅杉燒死，或許會對紅杉造成一些損害，但其火勢絕不會大到可以燒到樹冠、把紅杉燒死的程度。

然而，這類天然的野火卻被美國林業局、其他機構和那些來自歐洲的移民設法抑制住了，然後造成了一個不利的後果。事實上，將近一百年來，林業局的做法就是不斷撲滅那些原本可以把林下植物燒掉的野火。其結果就是：森林中的易燃物不斷累積，最後多到一旦發生火災，火勢就變得非常猛烈的程度，就像二〇二〇年和二一年的那幾場火災一般。這樣的大火經常會燒到樹冠處，最後把整棵樹都焚燒殆盡。

「現在我們採取了全新的防火策略。」楚埃特表示。

紅杉國家公園的一位護林員也強調了這一點。他告訴我：「紅杉能阻燃，但並不能防火。」

在一次探訪紅杉的長途旅程中，我和太太把車子開進一個位於紅杉林間的野餐區停了下來，並且在美麗、高大的紅杉樹之間吃著午餐。我太太看到了一隻北美黃林鶯（yellow warbler），我則聽到了風吹過紅杉枝枒的聲音。我們打開五感，一邊吃飯，一邊欣賞周遭的美景與聲音。後來，我們談到紅杉的壽命，不知道它們如何能夠在這樣一個地方活上千百年的時間。當時，我們的疑問是：遇到同樣的災害，有些比較小的樹可能就倒了，紅杉為何能夠屹立不搖？是什麼樣的因素使它們得以如此長壽？這些疑問雖然在當時並沒有答案，但後來科學家們所做的研究顯示，這有一部分可能和多酚生物分子（polyphenolic biomolecules，一種收斂劑〔astringent〕）有關。

紅杉是透過一種名叫單寧酸、具有防腐作用的化學物質以維持壽命。這種物質在一八三一年時首次被人類發現，而且存在於許多種植物（例如落羽杉）體內，可以保護這些植物不被鳥兒和昆蟲吃掉，同時，單寧酸也有助於調節植物的生長速度。你在喝咖啡、茶或紅酒時，之所以會嚐到一種澀味，就是因為用來製造這些飲料的咖啡豆、茶葉和葡萄當中含有單寧酸。這種物質存在於我們所吃的許多食物當中，包括草莓、石榴、蔓越莓、藍莓、若干種堅果、好幾種香料、紅豆、巧克力以及用來製造某幾種麥芽酒和啤酒的麥芽和啤酒花之中。單寧酸經常會從植物內部滲出，進入地下水、溪流或湖泊中，使得水色變深，或呈現類似茶一般的顏色，就像我們在第五章中提到的那條黑河河水一般。

單寧酸是鞣製皮革時的重要原料，這也是它最為人知的用途。從古至今，橡樹、含羞草、栗樹和紅堅木（quebracho）那富含單寧酸的樹皮，一直是鞣格用單寧酸的主要來源（現行的鞣製法大多已改用無機原料）。單寧酸對裸子植物和被子植物而言都同等重要。所謂「裸子植物」指的是胚珠（受精後形成種子的部分）外圍沒有子房壁保護的植物，包括紅杉等針葉樹、蘇鐵和銀杏；「被子植物」則是指那些胚珠被子房壁包被的植物，這類植物種類繁多，包括所有草本植物、灌木、禾本科植物和大多數灌木及喬木。

單寧酸在紅杉的生命中扮演了關鍵性的角色。紅杉樹皮中富含的單寧酸會促使樹木分泌酵素和其他蛋白質，使樹木免於細菌和真菌的侵害，因此不致受到感染和生病。紅杉之所以能夠持續不斷地生長，主要是拜單寧酸之賜。

但除了單寧酸之外，紅杉還有一個保命符。從植物學的角度來說，所謂「樹皮」，乃是由木本植物的好幾層外皮累積而成，是由維管束形成層（樹幹中央的維管束細胞）以外的組織所構成。只要紅杉還活著，樹皮厚度每年都會增加，最厚可達兩呎，這讓紅杉有一層天然的隔熱體，不會受到地面火勢的損傷。紅杉之所以能夠持續不斷的生長，主要就是因為樹皮很厚，而且富含單寧酸的緣故。

紅杉的樹皮雖然並非完全不會燃燒，但出奇的抗燃，這是它和其他針葉樹明顯有別之處。另一個同樣重要的因素就是：除了樹皮，紅杉木材中所含的高濃度單寧酸使得它們幾乎不會受到真菌或昆蟲的侵害。儘管這兩者還是會攻擊紅杉，但並無法殺死紅杉。其中紅杉小蠹蟲（*Phloeosinus rubicundulus*）更是經常造訪，而且往往會在樹皮底下鑿出一條條短短的縱向坑道。這種現象在那些已被砍伐或瀕臨死亡的紅杉木頭上最為明顯。

就像大多數古木一樣，紅杉的壽命也是以年輪來計算。經過鑑定，其中最長壽的一棵是大約三千五百歲的「繆爾殘幹」（Muir Snag），它的高度大約是一百四十呎，雖然已經死亡，但仍挺立在「美國巨型紅杉遺址」（Giant Sequoia National Monumen）的康沃斯盆地（Converse Basin）。

第二高壽的是如今只剩下一截樹樁的 CBR26，同樣位於美國巨型紅杉遺址之內，年齡是三千兩百六十六歲。排名第三的是同樣只剩下一截樹樁的 D-21，位於紅杉國家森林內，已有三千兩百二十歲。接下來便是位於紅杉國家公園的「國會步道」（Congress Trail）旁的「總統樹」（President Tree），它已經三千兩百歲了，但至今仍然活著，是全球第三大紅杉，也是迄今最老的一棵活紅杉。它萌芽於西元前一一七八年，那年的四月十六日正好發生了日全蝕，而那段期間也差不多是青銅時代晚期結束、西台帝國滅亡、邁錫尼王國崩毀、埃及的法老王拉美西斯三世發動三角洲之戰（Battle of the Delta），擊退一場大規模的海上入侵的時期。

紅杉國家公園的環境之佳可說無與倫比，那裡有深藍色的湖泊、廣闊的草原、高聳的山脈，以及一座座美麗的千年老樹林。

五月末的一天，我們從三河鎮（Three Rivers）出發前往那裡。沿途只見灰頂的內華達山脈矗立在靛藍色天空下。無數條溪流蜿蜒在一座座狹長險峻的深谷與寬闊的金色山谷中。長滿灌木叢的山麓小丘上、河岸的橡樹林間，以及針葉樹雜生的森林中，不時可看見春日野花盛開在各種奇岩怪石之間。這是大自然以最瑰麗的色彩在廣袤大地上揮灑而成的一幅永恆畫作（有一位作者甚至形容紅杉國家公園是自然界的米開蘭基羅）。我們在位於灰山（Ash Mountain）的入口稍事停留後，再沿著將軍公路開了一哩的上坡路，便來到了山腳遊客中心（Foothills Visitor Center）和公園的總部。

我們瀏覽了遊客中心的展品之後，便繼續往山上行駛，然後把車子停在「雪曼樹」（Sherman Tree）的主要步道入口。我們手持登山杖，和一群遊客一起往山下走了一小段路之後，便看到了「雪曼將軍」。

雪曼將軍是全球最大、也最知名的一棵巨型紅杉。二〇二一年九月中，那場由閃電引發的ＫＮＰ複合大火不斷朝著巨人森林（Giant Forest）和雪曼將軍的方向往上延燒。消防隊員趕忙用具有保護性的金屬箔包住樹幹下端十到十五呎之處，這樣便可最大程度地降低火勢燒到樹幹上、沒有樹皮保護之處（例如之前的火災所造成的傷疤）的機率。結果雪曼將軍僥倖存活，但已經元氣大傷。

雪曼將軍的巨大幾乎已經到了不可思議的地步。據估計，它的樹幹重達一千三百八十五公噸，相當於兩百一十三隻非洲象的體重；它的高度是兩百七十四點九呎，相當於一個足球場長度的四分之三。它靠近地面端的周長是一百零二點六呎，相當於一架波音737-500噴射機的長度。它的最大直徑是三十六點五呎，等於是一座網球場的寬度。它的樹冠寬度平均為一百零六點五呎，相當於一座奧林匹克游泳池三分之二的長度。它的幹體積是五萬兩千五百立方呎，比前述游泳池容積的一半還多。就體積而言，它是全球迄今最大棵的單株活樹。同樣引人注意的是：紅杉根部的伸展範圍可以達到一英畝以上，觸及超過九萬立方呎的土壤。這個糾結纏繞的根系之所以如此龐大，是因為它必須能夠支撐一棵重量達兩百萬磅的樹木。

據估計，雪曼將軍大約是在凱撒大帝出生時萌芽的，年齡約在兩千一百歲到兩千兩百歲之間。這個數字是在二〇〇〇年由美國地質調查局（US Geological Survey）「內華達山脈全球變遷研究計畫」（Sierra Nevada Global Change Research Program）的研究員內特・史第芬森（Nate Stephenson）根據他對一些古紅杉樹椿上的年輪所做的研究，用一個數學公式推算出來的。

在現今樹齡學所採用的精準推算法尚未發展出來之前，科學家們一度猜測雪曼將軍的年齡已經將近六千歲了，甚至有人提出了「一萬一千歲」這樣不可思議的數字。但到了一九六〇年代，他們便修正為三千五百歲，後來經過重新計算後，認為它應該有兩千五百歲，之後又調整為目前的這個數字。由於雪曼將軍生長在一個理想的環境中，因此長得比其他的老紅杉都更高，而且就像所有成熟的紅杉一般，它在有生之年還會繼續生長，每年可以再增高六十呎。

在花了半個小時觀察、拍照並且做筆記之後，我離開那些簇擁著雪曼將軍的人群往東邊走，前往寧靜安詳的「國會步道」。我沿著鋪好的步道往下走，經過位於雪曼溪（Sherman Creek）上的一座木橋，橫越一座散布著巨大紅杉的山坡，之後又沿著步道緩緩向上，越過一座低矮的山脊，經過森林中央一座壯觀的樹林。從這座樹林開始，步道便開始往右彎，然後再往左彎，繞著「參議院」（Senate）、「眾議院」（House）和「創始者」（Founders）這幾座樹林拐了一圈。此處聚集著好些特別高大的神木，包括之前提到過的「總統樹」、「酋長樹」（Chief Sequoyah Tree）、「李將軍樹」（General Lee Tree）、「林肯樹」（Lincoln Tree）和「麥金利樹」（McKinley Tree）。

我感覺紅杉似乎有辦法開發我們的意識，讓我們更進一步感知周遭的環境。它們就像大自然中的所有事物一般，可以使我們得到提升。里查．洛夫（Richard Louv）在他那部引人入勝且深具啟發性的著作《失去山林的孩子》（*Last Child in the Woods: Saving Our Children From Nature-Deficit Disorder*）指出：「有愈來愈多的研究顯示，我們是否能親近大自然，和我們的身心靈健康有直接的正相關。在這方面，有好幾項研究顯示：以有意識的方式接觸大自然，甚至可以成為一種很有效的治療方式。」在紅杉的濃蔭之下，我開始察覺到那些簡單的事物，而且心中平靜而祥和。同時，我也想起了博物學家愛德華．威爾森（E. O. Wilson）那句富有真知灼見的話：「我們是在大自然中演化的，所以天生就需要與它連結。」

走在紅杉林間，我感覺自己彷彿進入了某種宗教，感受到它們所散發出的大無畏的精神。正如身為林務員的作家彼得．渥雷本所言，森林會散發出一種近似費洛蒙的東西，警告其他樹木附近可能存在著某種危險，例如即將到來的森林火災或一大群專門吃葉子的昆蟲。當你走進這個屬於巨木的國度時，那個「近似費洛蒙的東西」就會圍繞著你、包裹著你，直到你離開許多天之後，它依然會縈繞不去。

大自然的啟示無所不在，但它不會大聲嚷嚷，也不會向你說教。它只是在空氣中飄蕩著，有如蝴蝶纖細的翅膀或厚厚的樹皮下小蟲子刮擦的聲音。大自然那古老而永恆的智慧就蘊含在小小的種子裡，在參天的巨木中，隨著時間而流傳。我們永遠可以從那些小小的水渦、繁茂的枝葉、或土壤深處那些緊抓住泥土的根部中學到一些東西。

目前已經退休的威廉・屠威德（William Tweed）曾經擔任紅杉國家公園的首席博物學家長達二十八年的時間。他曾在著作《紅杉之王》（*King Sequoia*）中熱切地談論紅杉以及紅杉國家公園。我打電話到他位於奧勒岡州的寓所中，約他進行一場視訊會議，談談他對紅杉的了解。

我問屠威德：人類為何需要了解有關樹木的壽命的種種？他告訴我，大多數人都不知道：長壽是生物演化出來的特性，只是賴以存活的諸多策略之一。今天仍然存在於球上的生物都已經找到了某一種存活的方式；如果沒有找到，現在就已經滅絕了，而且基因也消失了。有些生物的基因裡就包含了長壽的特性。他指出，在植物界當中，無論是可以存活幾千年的生物（如刺果松和紅杉），抑或只有幾個星期生命的小野花，都是成功的物種。由於都存活了下來，因此兩者所使用的策略一樣成功。如同屠威德所言，它們都成功達到了存活下來的目的，只是各自採用的策略大不相同。

他強調，生命週期短但數量繁多的生物，遠比生命週期長但數量較少的生物更常見。總歸來說，一棵紅杉只需要做一件事，那便是「讓生命得到延續」，而它有兩、三千年的時間可以進行。

我接著問他：紅杉和其他老樹有何不同？他答道，大致上沒有什麼不同，說穿了，也只不過都是一種高大的綠色植物罷了。然而，他還是謹慎地提到了一些特殊之處，其中最特別的地方就是：紅杉同時兼具兩個罕見的特性。首先，它們的壽命很長；其次是它們長得很快——即使在那些壽命很長的生物中，這也是很罕見的。他說，像紅杉這樣的樹只要活著一天，就會繼續長大。因此，紅杉如果活得很久，就會長得很快，而且只要還活著，就會不斷生長。到頭來，它們就會變得非常高大。

屠威德指出，樹木的高度會受到自然法則的限制，因為一棵樹長得愈高，就愈難把水分和養分送到樹幹上方。即使環境良好，高度還是有其極限。世界上最高大的一些樹木，其高度之所以很接近，或許並非巧合，而是顯示：樹木在運送體內的水分時，會受到自然法則的限制。有許多種樹木頂多只能長到兩百到三百呎高，只有少數能超越這個極限，比方說，加州最高的幾棵紅木其高度就可以達到三百六十到三百七十呎。此外，總的來說，樹木只要還活著，樹幹就會愈長愈粗，紅杉也是如此，這才是它們體積如此龐大的真正原因，也因此才會成為全世界最大棵的樹（就體積而言）。

屠威德繼續說道，紅杉所面臨的最大挑戰是火災。這並不令人意外，紅杉生長的環境屬於地中海型的氣候，有乾季，也有雨季。大致上來說，那裡的冬季較潮濕，夏天則漫長而乾燥，而且偶爾會有雷雨，因此內華達山脈在夏天必然會發生因閃電而起的火災。他強調，紅杉天生就能夠抵抗這類火災。科學家們透過研究活樹和枯木上的年輪與火痕，已經可以判定紅杉林何時曾遭遇火災。因此，現在我們已經知道過去五、六千年之間紅杉林發生火災的情況。在這段期間，每隔一段時期，那些紅杉林就會失火，也因此火勢都沒有很猛。

當森林火災頻仍時，林中就無法累積大量的易燃物，因此，發生火災時的火勢都不大，而紅杉因為有一層厚厚的、具有高度阻燃性的樹皮，所以能夠應付得來。即便樹皮著火了，也燃燒得很慢，可以把熱氣阻隔在外，也足以適應這類週期性的火災。一棵紅杉在活到幾千歲時，很可能已經遭遇過許許多多次的火災了。屠威德說，遊客們在看著一棵紅杉時，往往會問：「樹上的火痕是什麼時候造成的？」而他通常會回答：「那不是由一次火災造成的，而是幾十次火災的結果。」這時，他們對紅杉的想法就會從「這棵樹是什麼時候受傷的？」變成「哇！它好厲害喔。」

我很好奇是哪一種因素對紅杉的壽命構成了最大的威脅。他說，紅杉生長在「雪帶」（snowbelt）的下緣，也就是海拔介於五千和七千呎的地方，但現在，由於氣候變遷的緣故，山上的氣溫正逐漸升高，在過去這幾年來，已經上升了攝氏一度左右。屠威德認為，當氣溫上升攝氏兩度時，所有的老紅杉都將置身於一個並不適合生長的環境中。這對它們而言，將會是相當大的危機。

他也談到了目前的旱象（截至本文寫作時為止，這樣的旱象已經持續二十年了）。他認為，如果有某一種情況持續了二十年，看起來就不是一個暫時性的現象，而是會一直持續下去。這已經使得紅杉所生長的環境愈來愈不適合它們。除了氣溫逐漸升高、昆蟲開始遷移到別的地方，現在火災季節已經愈來愈長，土壤中的水分也逐漸下降。他強調，這些改變會對紅杉這類已經在狹小棲位中生長了很長一段時間的生物構成重大的威脅。

屠威德指出，人類試著保護並管理紅杉已經一百五十年了，但在過去三年

（我們談話的時間是在二〇二二年夏天）間，那些老紅杉蒙受了極大的損傷。這是一百五十年來未曾有過的現象。他表示，紅杉雖有阻燃能力，但若置身於熾熱、兇猛的火海中，根本無力抵抗，因此都被燒死了，以致有幾座原本生機蓬勃的紅杉林如今都已經消失了。這是我們從未見過的事，也是這五、六千年來從未有過的現象。屠威德接著又說：「這些都和紅杉的未來以及壽命有直接的關連。我想，這表示我們必須更加努力地維護並保存現有的紅杉林，因為要再培養一座老紅杉林是非常困難的。」

聽了這番話，我不禁想到，人類對樹木的壽命確實產生了明顯且持續性的影響，尤其是像紅杉這樣壯觀的樹木。然而，許多人卻往往以炫耀和傲慢的心態來對待，就以那棵名為「諾伯將軍樹」（General Noble Tree）的紅杉為例。它在十九世紀末期就已長到了三百一十二呎，不僅高度驚人，年紀也出奇的大，因為它已經三千兩百歲了。但在一八九二年，某人決定將它砍倒，做成展示品，在一八九三年由芝加哥舉行的世界哥倫布紀念博覽會中自然史館展出。於是，這棵樹就被砍了下來，鋸成四十六截，並且被放進十一節火車車廂中，送到芝加哥，然後再「重新組裝」，做成展示品。不幸的是，它在那裡被稱為「加州的惡作劇」（California Hoax），因為許多人不相信世上真的有這麼大棵的樹。時至今日，我們仍然可以在紅杉國家公園康沃斯盆地樹林中的「芝加哥樹樁步道」（Chicago Stump Trail）旁看到它的遺跡（被稱為「芝加哥樹樁」）。這條步道來回不過零點六哩，卻見證了人類那不可思議的傲慢心態。

身為人類，我們對地球有著深遠的影響。既然我們自認是地球上最聰明的生物，就有責任運用我們的聰明才智來保護我們所居住的這個世界。舉例來說，地球暖化並不是自行發生的，而是人類集體行動的結果。我們過去所做的決定，以及我們今天所通過的法令，將會大大影響後世子孫從我們手中所承接的世界。誠如華特・凱利（Walt Kelly）在一九七〇年那部連環漫畫《波哥》（Pogo）中所說的一句話：「我們已經遇見了敵人，就是我們自己。」這句話至今仍然適用，尤其是在有關紅杉的種種討論中。

有一天下午，將近黃昏之時，天空中白雲縷縷，我們坐在公園的一張長椅上休息。太陽已經開始西沉，那些精疲力竭的父母和面露倦容的孩子已經收拾好行李，陸陸續續往最近的接駁車車站走去，剩下我們兩個坐在那兒享受著愈來愈安靜的氛圍。午間的嘈雜已經消退，我們感覺自己和森林已然融為一體，對這些無論在體積或年紀上都使我們相形見絀的紅杉滿懷仰慕與敬重。

我在那裡觀察了許久，看到一隻天牛正爬過一根大得出奇的倒木。當牠緩緩地爬到另一邊時，一縷陽光突然照在牠身上。這是外來的遊客通常不會見到的一個瞬間，也是森林生命的延伸。這樣的一幕千百年來反覆上演，顯示在這個古老的地方，生命仍不斷在延續。

我駐足在一棵因火災而倒下的巨木前，觀察著奇特的殘骸。突然間，我看到了一幕從未見過的景象：在那焦黑的樹幹四周散布著十二、三棵小樹苗，每一棵大約有一呎高，而且樹上已經長出了不少綠色的枝葉。那鮮明的綠意和底下焦黑的土壤形成了強烈的對比。這些小樹靜默而莊嚴地站在那棵巨大的倒木之前，似乎決心要在這裡繁衍生息，讓這片土地逐漸重現生機。面對它們，我心懷敬意。

這些樹苗讓我想到：大自然知道如何照顧自己。種子會落入泥土中，植物會萌芽抽枝，樹木會長大，森林會成為充滿生機的群落。其中有許多樹木會長大，但也會有許多樹木因為火災等種種原因而死去。森林是一個有機體，有生也有死，會繁殖也會再生。同樣的，森林也會擴張與收縮，當水分與養分充足、地理位置良好時，面積就會擴大；一旦遭遇火災與病蟲害，面積就會縮小。

身為人類，我們經常（儘管並非總是）讚嘆這樣的生命循環，景仰這些莊嚴巍峨、得享高壽的樹木。我們讚嘆這些老樹的生命維度，尤其在各個方面都超乎我們的預期時。我們讚它們不同凡響的存在，也為它們歡呼、喝采。

我們佇立林間，仰頭觀看，心中滿懷景仰之情。

PART III

獨自佇立

有幾棵樹雖然面臨環境中的各種威脅，仍然兀自挺立。它們無懼風霜雨雪，直面大自然的各種挑戰。它們優雅、堅強、果敢，儘管困難重重，仍然不屈不撓。

在這一篇裡，你將會看到幾棵已經度過許多生死危機的樹木。長久以來，這些樹木始終面對著大自然中各種可能會讓自己倒下或死亡的力量，但它們回應著體內基因的召喚，竭盡所能地存活下來。它們或彎折，或搖擺，或傾斜，但從未放棄未來。

在這一篇中，你將會邂逅一棵長在密西西比河附近的樹木，它經歷了一場摧枯拉朽的颶風，卻沒有受到太大的損傷；你也將認識一棵看起來矮矮小小、其貌不揚，但在很久以前曾經與大地懶和乳齒象（grazing mastodon）為鄰的樹木。此外，你也將走上一條崎嶇不平的道路，去觀看一株雖然經歷了火災威脅與其他生物的干預，卻依然屹立不搖的奇特樹木。

這些樹的體內都有著堅持不懈的基因。它們的勇氣、毅力與堅忍不拔的精神將會令你神往。從這些樹的高度與年齡中，你就可以看出努力拚搏的精神。最重要的是，它們就像佇立在時光長河中的沉默哨兵，堅定而威嚴的守護著自己的環境，讓我們看到植物的耐力。此外，它們也具有強大的復原力，而且已經活了千百年之久。

CHAPTER 8

遠古的根脈

俗名　帕爾默橡樹、尤魯帕橡樹
學名　*Quercus palmeri*
年齡　一萬三千歲
地點　南加州，河邊郡

西元前一〇九七九年，智利，火地島

夏日的太陽掛在地平線上，像一個血色的球，將光灑在大地上，但並未為這裡的原住民帶來些許暖意。這些原住民遊走於遼闊的邊遠之地，以這片荒蕪的土地為家。他們住在高山岩壁上的洞穴或岩棚裡，終日飽受寒風吹襲，即便天氣晴朗時也是如此。那冰涼刺骨的風吹拂著地上裸露的岩石與四處散布的石塊，少有停歇的時候。暴風吹來時，所有植物都會被連根拔起，海岸邊的樹木也長得瘦削矮小。雨不停的下著，有時是毛毛細雨，有時則是滂沱大雨。雨水落在山丘上，形成一條條縱橫交錯的溪流與河川。這裡的天氣終年都是如此。在這樣極端的氣候裡，生存實屬不易。

此地的原住民是亞干人（Yaghans），他們是數千年來居住於火地群島（Tierra del Fuego）上五個有親緣關係的族群之一。古代的亞干人幾乎不穿衣服，為了抵禦風雨，他們會在身上塗抹一層厚厚的動物油脂，並圍著火堆取暖，休息時則蹲在地上以便縮小身體的表面積，藉此保存體溫。他們經常被認為是全世界最南端的民族，而且至今仍然生活在這片蠻荒之地，只是人數銳減，已經不到兩千。

十四歲的瓦娜吉帕和其他三個女孩一起站在岩岸上。如同朋友們一般，她身上也披著一塊獸皮，從肩膀上鬆鬆的垂了下來。瓦娜吉帕的堂姊在一旁看顧著一個小火堆。女孩們正專心地看著她們的母親跳進波濤洶湧的海中，潛入冰冷的水裡捕撈貝類，以供眾人聚餐之用。

她們這個大家族包括五個家庭、三十八名成員，最小的孩子才剛出生，最大的已經十幾歲了。瓦娜吉帕的家裡有父母親、兩個妹妹和一個弟弟。她因為排行老大，經常需要做一堆雜活，例如照顧嬰兒、燒煮飯菜和撿拾柴薪等等。許多時候，她必須走很遠的路去撿拾南極南青岡（*Nothofagus antarctica*）以及小葉南青岡（*Nothofagus pumilio*）掉下來的枝葉——兩者都是原產於智利南部和阿根廷的落葉性樹木，大多分布於海平面到海拔兩千呎之間的崎嶇山坡上。

瓦娜吉帕的父親是個獵人，他和族裡其他男人經常得划著獨木舟出海去尋找海獅，而且往往一去就是許多天。一旦發現了海獅，男人們就會將海獅包圍起來，用矛射牠，並用石頭丟牠，直到海獅被殺死為止。然後，他們就會把海獅的皮剝下來，小心翼翼的把肉分成好幾份，帶回族裡，放在小小的炭爐上烹煮。至於脂肪，他們則會留下來，因為那是禦寒的必需品。

身為游牧民族，他們經常必須收拾自己為數不多的財物，沿著海岸走個幾哩路，去尋找可吃的食物以及可以棲身的岩棚和洞穴。在這片氣候嚴寒的無情大地上，他們為了維生，只好不停地遷徙。

西元前一〇九七九年，南加州

在火地島北方七千一百二十二哩的幾座矮丘上，一隻令人望而生畏的動物正在綿延起伏的平原上笨重地挪動著身子。牠日復一日地拖著那長達十呎、重逾兩千兩百磅的龐大身軀，在泥濘的史前大地上尋找植物來滿足旺盛的胃口。牠是三種地懶——史前地懶（*Nothrotheriops*）、巨爪地懶（*Megalonyx*）和副磨齒獸（*Paramylodon*）——當中的一種。這些體型龐大的地懶從中更新世時期（十五萬年前）開始，就一直生活在我們如今稱為「南加州」的地方，一直到晚更新世時期（一萬一千七百年前）為止。但巨爪地懶（*Megalonyx jeffersonii*）的活動範圍可能遠比加州更大，牠的種小名 *jeffersonii* 是為了紀念湯馬斯・傑佛遜（Thomas Jefferson）總統，因為傑佛遜總統在一七九七年於西維吉尼亞州獲得了好幾個巨爪地懶的骨頭化石，並描述了它們的外觀。在所有地懶中，只有巨爪地懶的分布範圍最廣，最北可達如今的阿拉斯加。

和其他地懶一樣，這個生物有一個圓鈍的口鼻部，巨大的下頜以及柱狀的大牙。扁平的後腿腳掌能夠讓牠直立起來，把頭伸進某幾種樹木的樹冠中，享用多汁的葉子。這種地懶和大多數陸生哺乳動物不同的地方在於：身體重量是由跟骨和足部的外緣支撐的，因此走起路來搖搖擺擺的。*Megalonyx* 這個字的意思就是「巨大的爪子」。牠能夠用長長的手臂把柳樹（最喜歡的食物）和灌木叢的葉子耙下來吃。同區的其他種地懶則是以別的植物（如絲蘭、約書亞樹和仙人掌）為食，因此彼此之間可能不需要爭搶食物。

古時的南加州地區除了巨爪地懶之外，還有其他許多動物，包括乳齒象、刃齒虎、短面熊以及好幾種貘。此外，這裡還有巨大的雕獸（*Glyptotherium*），一種體型龐大、長可達六呎，重可達一公噸的動物，生理構造類似今天的犰狳，身軀碩大，外面披著一層由骨性沉積物（被稱為「皮內成骨」）做成的盔甲。

由於此處環境條件的原因，有很多種動物都喜歡在這裡棲息，時間長達千百年，但到了「更新世大滅絕」時期（西元前一三〇〇〇至一一七〇〇年），那些特殊的巨型動物便逐漸滅絕了。有些古生物學者猜測這是因為氣候變遷的緣故，尤其北美洲大陸境內冰蓋的形成與移動，更是大大影響了可食動植物的生長、分布與可得性，其中受害最深的便是巨型植食動物。據科學家們推測，當時，這些巨型動物因為必須適應不斷變遷的環境，久而久之，覓食能力便大幅降低了。

有些科學家則提出了所謂的「更新世過度屠殺假說」（Pleistocene overkill hypothesis）。他們指出，考古學的證據顯示：最早的人類開始出現在美洲的時間和巨型動物首次滅絕的時間幾乎相同。另有一些專家則認為，大地懶和雕獸等特殊動物之所以滅絕，可能是因為當時盛行某種瘟疫的緣故。

但在這樣艱困的環境中，有一棵植物卻存活了下來。

現今

童年時期，我住在加州洛杉磯市的西郊，鎮日忙著爬樹，在社區裡騎腳踏車，並且在學校裡用功讀書。每逢特殊節日，我們一家就會前往洛杉磯市內的威爾樹區（Wilshire District）去探訪我的外公和外婆——那裡有許多造型高雅的房子，房子周邊都有高高的圍籬、修剪整齊的草坪和一排排的落葉樹。到了那裡後，我和兩個姊妹就會詢問爺爺是否可以讓我們進入廚房儲藏櫃後面的小房間，看看他心愛的那些醫療儀器。我的外公沃特．達金（Wirt. B. Dakin）是一位泌尿科醫師，在洛杉磯開業已經長達六十三年，並且長年為美國泌尿科協會撰寫歷史。他出生於一八八三年十一月二十三日，在一九七五年五月十五日過世。也就是說，在和他同年的美國男性平均壽命只有四十二歲出頭的那個年代，他卻足足活了九十一年五個月又八天。這也是我之所以對他景仰有加的緣故。

在我外公生前的辦公室東邊五十哩多一點的地方有一個生物，比我的外公多活了一萬兩千九百零九歲。也就是說，到目前為止，這個生物的壽命是我外公的一百四十三倍。

那是一棵帕爾默橡樹（*Quercus palmeri*），長在加州河邊郡外圍的岩石山坡上，看起來並不起眼，似乎也無足輕重，但卻是一棵尊貴而古老的樹，在這棵樹的一生當中曾經歷過羊的馴化（西元前一一〇〇〇年）、小麥的栽培（西元前八〇〇〇年）、漢摩拉比法典的制定（西元前一七五五到一七五〇年）、唐朝的覆亡（九〇七年）、威廉・莎士比亞的誕生（一五六四年）、二十世紀的兩次世界大戰以及歐巴馬總統的當選（二〇〇八年）。

帕爾默橡樹不像附近聖安娜山脈（Santa Ana Mountains）的花旗松、大果松和圓頭松等樹木那般高大，這種樹多半只有六呎到九點八呎高，是旱生性的常綠灌木，有多根樹幹，還有像冬青一般又尖又利、葉片硬挺、邊緣有蠟質的葉子。它是殼斗科（*Fagaceae*）家族的成員，長得很慢，外觀通常頗為小巧，有如灌木一般，細枝是紅棕色的，大多與枝幹呈六十五到九十度角，其餘的則垂到地面。

帕爾默橡樹的樹幹直徑可達八吋，樹皮是中灰色的，上面有淺淺的溝紋，而且往往會成片剝落。就像多數橡樹一般，帕爾默橡樹也是雌雄同株，會同時開出雄花與雌花，在春天時授粉，大約十八個月後橡實就成熟了。橡實和橡葉都富含單寧酸，可以防止昆蟲啃咬。此外，這些單寧酸也可以使帕爾默橡樹不致受到若干種真菌的感染。曾經廣泛研究加州各種植物的布萊恩·鮑威爾（Brian Powell）表示，帕爾默橡樹有時會和同一區的其他種橡樹雜交。

位於河邊郡的這株帕爾默橡樹因為外觀低矮、不起眼，經常會被偶爾路過的人士錯過或忽視。由於位於河邊郡的朱魯帕山（Jurupa Hills）上，因此這株樹又被稱為「朱魯帕橡樹」（Jurupa Oak）。它長在一座海拔一千兩百呎、面向北邊的岩石山坡上，盤踞在一條短短的沖溝裡，夾在兩塊花崗岩巨石中間。這棵樹大約有七十根莖幹，構成了一個大約三呎高、占地八十二乘以二十六呎的濃密小樹林。研究人員推測，數千年來，由於此區發生過大面積的乾旱、火災頻仍而且風力強勁的緣故，這棵樹已經逐漸變矮了。曾經對此樹做過大量研究的安德魯・桑德斯（Andrew Sanders）表示，在最後一個冰河期的高峰，這一帶曾有巨大的野牛和古駱駝出沒。此外，在如今被稱為「南加州」的幾座內陸山谷裡也有許多木本植物，但千萬年來，在歷經數次巨大的生態變遷後，它們似乎通通都消失了，只有這棵橡樹活到現在。

帕爾默橡樹通常生長在海拔較高之處，也就是標高兩千九百五十三呎到四千九百二十一呎之間的地帶，主要分布在墨西哥下加州北邊到加州舊金山市以北的中濕性棲地和沙漠中的峽谷、山間沖積層與常綠闊葉灌叢間。然而，由於西元前一萬年時的氣候較為濕涼，這棵橡樹便在它如今所在的那個海拔較低的地方紮了根並且長得欣欣向榮。但是，快到更新世末期時，氣候突然變得來愈來愈乾燥炎熱，以致當時的植物都滅絕了，只有它存活了下來。正如加州大學戴維斯分校的傑弗瑞・羅斯–易巴拉（Jeffrey Ross-Ibarra）所言，這棵朱魯帕橡樹雖然生長在市郊附近的小山丘上面一叢乾燥的闊葉灌木中，被兩塊花崗岩巨石包夾，而且屢遭強風吹襲，始終長不高，但還是存活了下來。它就像約書亞樹一般，是另一個時代的遺跡，也是漫長歲月中的倖存者。

我剛開始研究這棵樹的生平時，在一些科學期刊、南加州的地方性刊物以及網路上找了許多有關它的照片。我原本以為會是一棵高大雄偉的橡樹，沒想到卻看到一棵枝枒低垂，其貌不揚、狀似灌木的植物。它蹲踞在一座矮矮的斜坡上，像是加州公路的安全島上那些用來點綴景觀的單調地被植物一樣，一點兒都不壯觀，也不吸睛，只是一棵勉強存活下來的不起眼的植物。

根據二〇〇九年十二月二十三日發表在*PLOS ONE*線上期刊上的一篇具有開創性的研究報告，有一批科學家（其中大多是加州大學戴維斯分校的學者）已經開始測定朱魯帕橡樹的年齡。他們在報告中描述了測定的過程。先是在現場收集葉片組織，其中包括來自三十二根莖桿（共有七十根莖桿）的葉子，然後再分析那些樣本中的蛋白質，結果發現：所有的樣本都一模一樣，並沒有什麼基因變異的現象。由此可見，這些分枝都屬於一個相同的克隆。

這些科學家在現場挖掘時，並沒有在帕爾默橡樹身上或四周發現什麼年代久遠的木頭。據他們猜測，這應該是因為多年來當地一直有大量白蟻出沒的緣故。在找不到任何可以用來做放射性碳定年測定的木頭後，他們決定拿許多根莖桿的剖面來計算年輪，這樣便可以判定整棵樹的平均生長率。於是，科學家在不同的地點收集了十根枯莖和一根活莖的橫切面，風乾後再細細打磨，並視需要將剖面染色，以便讓上面的年輪可以被看得清楚，然後他們再根據這些剖面的電子影像來計算年輪的數量以及莖桿的直徑。

透過直接觀察各樣本的年輪數目，他們終於得以判定這棵帕爾默橡樹的年齡。為了確認結果無誤，他們同時也測量了南加州其他地區兩群帕爾默橡樹的生長率，以便比較帕爾默橡樹在不同環境下的平均生長率。

觀察結果顯示，帕爾默橡樹一年的生長率是零點零三正負零點零零零八吋，而朱魯帕橡樹總體的尺寸是兩千一百三十二平方呎，因此科學家估計其年齡大約是一萬五千六百正負兩千五百歲。他們在報告中指出，估計時已經將各種不同的生長狀況列入考量，因此這個數字應該是很可靠的。他們也表示，根據各種不同的環境中所收集的莖幹資料，他們認為這棵帕爾默橡樹至少已經有一萬三千歲了。因此，它和其他兩棵古老灌木的年齡相近（而非喬木）——一棵是位於加州莫哈維沙漠（Mojave Desert）的石炭酸灌木（一萬一千七百歲），另一棵則是位於賓夕法尼亞州中南部的盒越橘莓（box huckleberry，一萬三千歲）。科學新聞記者艾德．雍恩（Ed Yong）在他發表於《國家地理雜誌》的一篇文章中指出，這些科學家的估計比較保守，事實上，這棵樹的年紀可能更大。

這些科學家在那篇研究報告的末尾提出了一項警訊，也做出了一項揣測。首先他們認為，地球暖化的現象可能已經使得周遭山脈那些海拔更高的地方成為帕爾默橡樹的理想生長地。這會讓朱魯帕橡樹處於被隔離的狀態，無法受到環境的保護。不過，他們也推測：朱魯帕橡樹之所以能夠存活這麼久，主要的原因可能是因為不斷地進行無性生殖。在報告末尾，他們表示：「我們不禁猜想：其他許多種樹木的隔離分布族群當中，可能也有極其長壽的克隆存在。」

由此可見，達爾文口中的「天擇」現象已經在南加州這塊古老土地上持續上演許久，無論很久以前的生物，還是河邊郡郊區草坪上新種下的草，通通都受到了影響。所謂的「天擇」之說，最簡化的說法或許是：唯有適應力最強的物種或個體才得以存活，其他絕大多數都會因為各種基因缺陷、氣候變遷，或在長遠的地質年代中由於陸塊的不斷變動而走向滅絕。這是植物學上的一個真諦，就朱魯帕橡樹的例子而言，更是植物學上的一個事實。

這棵帕爾默橡樹是冰河時期的倖存者，獨自克服了各種艱難險阻，改寫了植物壽命的極限。究竟還有哪些特質使它可以活得如此之久，這就要留待植物學家繼續探討了。總而言之，它所展現出的獨特韌性，值得我們矚目與敬仰。在這一點，很少有植物能夠與之媲美。它是一個遺跡，也是一座碑塔，是演化過程中的傑出產物。

目前，朱魯帕橡樹周邊的地區正在快速成長，不斷開發，因此它所在的地區已經開始受到各種商業活動、公路拓寬計畫、購物商場、住宅以及相關的基礎設施的興建方案所入侵。在南加州，這樣的現象並不令人意外。然而，這已經為環境生態和朱魯帕橡樹的存續帶來了嚴重衝擊，對當地傳統文化也造成了影響。

朱魯帕橡樹有時會被加布列萊諾印第安人／奇茲民族（Gabriele o Band of Mission Indians/ Kizh Nation）稱為「胡朗加橡樹」（Hurunga Oak）。「胡朗加」是從前附近一個聚落的名字。加布列萊諾印第安人認為，這棵樹就像其他許多橡樹一般，可以當成藥材使用，而且具有特殊的靈性力量，因此他們一直視之為聖樹並崇敬有加。對奇茲民族而言，這棵樹在他們的文化與歷史上是獨一無二、至今猶存的聖物，因此他們希望能夠將之保留下來，以供後世的子孫瞻仰。

朱魯帕橡樹雖然在過去千百年間備受干擾，屢遭危險，但還是存活了下來。或許它唯一的目標就是要多活一年或一千年，而這樣的目標或許已經銘刻在基因裡面了。儘管將目的論帶進生物學的領域會引發許多爭議，但我們務必要記住一點：大自然的所有物種都具有各自的遺傳因子組成，這些複雜基因組成所帶來的潛力，是超出我們甚或它們自己所能掌控的。

我們人類或多或少都可以決定自己要什麼或不要什麼。簡而言之，我們擁有做決定的權力，可以選擇那些或許有助我們長壽的元素。如果你每天早上醒來都很清楚自己要做什麼（例如撰寫一本有關老樹的書），你可能就會想要活得更久一些。或許朱魯帕橡樹也是如此。

曾經對這棵樹做過詳細研究的瑞秋・蘇思曼（Rachel Sussman）指出，朱魯帕橡樹雖然位於公有地，而且周遭地區陸續有住宅區、水泥工廠以及裝滿模塊屋組件的貨櫃進駐，不時還有越野車來來往往，但它仍舊屹立不搖。早年，它必須對抗那些植食性的巨型動物；在一萬三千年後的今天，面對的敵人卻是距離愈來愈近的住宅區、日益加劇的氣候變遷、人類所製造的垃圾，以及那些肆無忌憚地在周邊小徑上呼嘯而過的單車手。朱魯帕橡樹雖然已經成功地頂住了無數的環境壓力和災難，卻不太可能抵擋推土機的刀刃。

無論如何，它仍然存活了下來。至少目前是如此。

CHAPTER
9
遺世獨立的印記

俗名 高山杜松（或稱西部杜松、高山西部杜松）
學名 *Juniperus grandis*
年齡 約莫三千歲
地點 加州，圖奧勒米郡，斯坦尼斯勞斯國家森林

西元前一五七八年，土耳其西部，切什米－巴格拉拉西

這個夏日天氣酷熱，人們都把家裡的門窗敞開，好讓海風吹進室內，以驅散無所不在的熱氣。無論是高階政府官員，還是在這座濱海城市一帶工作的眾多工人，大家都穿著淺色、透氣的衣服。城裡人的服飾、建築和傢具的顏色大多介於

白色和米色之間，因為淺色在身體與心理上都具有清涼的效果。

伊納雅特在兩個月前剛滿十歲，他的父母及五位姊妹為他舉行了一場盛大的慶祝儀式。他是一個喜歡與人交往、人緣很好的少年，鎮上幾乎每個人都喜歡他。他經常幫長輩提沉重的籃子或照料庭園，而且是自願的，不是為了金錢。當伊納雅特不用上學，也毋需在他父親的店舖裡幫忙時，就會帶著他的狗在城裡的街道上閒逛，或者到海邊去玩耍。他和這隻狗總是形影不離，只要看到他們當中的任何一個，就表示另一個必定在不遠處。他們一起吃飯，一起睡覺，也一起在城鎮周邊那片寬闊、綿延的海灘上玩球，生活過得悠閒恬靜、充滿歡樂。伊納雅特的朋友經常對他說，他的狗就像哥哥一樣。每次聽到這話，伊納雅特的臉上總是會泛起微笑。

有一天，遙遠的地中海小島——塞拉島（Thera）——有一座火山爆發了。這是人類有史以來最猛烈、最大規模的爆發事件之一，屬於火山爆發指數的第七級（最高是八級）。當時，岩石和碎片轟然飛過大海，充斥於方圓數哩的空氣中，火山雲高掛天空。這次噴發摧毀了幾座城市，掩埋了廣大的良田，並且淹沒了長長的海岸線。幾個小時後，遠在數哩之外的切什米－巴格拉拉西城（Cesme-Baglararasi）

的居民驚恐地看著海灣裡的水位後退之後又猛然開始上漲，進而漫過海岸，洶湧奔騰地流入村莊，讓眾人猝不及防。沒有人能相信眼前所看到的情景。

這是來自大海的怪獸：海嘯。

其後，海水再度後退，但接著又上漲。一堵巨大的水牆在大地上移動，流過城中的街道，進入城外的田野。村人賴以為生的橄欖樹雖然已經種植許久，但因為根部太淺，根本無法抵擋海水的強大力量，全都被強大的海嘯沖走了。

第二波海浪退卻後，倖存的人們目睹了一幕恐怖至極的景象：一堵有如神木般高大的水牆洶洶來襲，席捲了城裡的屋舍、建築，吞沒了居民。木板、枝條、碎片散落各處，成千上百人都被沖到了大海裡。這是史上災情最慘重的一次海嘯，造成了巨大的破壞以及無數的死傷。

西元前一五七八年，加州，圖奧勒米郡

一億多年前，北美洲大陸如今被稱為「加州東部」的地底深處形成了幾個巨大的花崗岩陸塊。不到五百萬年前，這個地區逐漸隆起，同時，由於受到冰河

侵蝕的緣故，地底的花崗岩裸露出來，形成了內華達山脈的山峰與峭壁。此區最具代表性的許多座高山，便是由那些古老的變質岩與沉積岩所形成的。過了數千年之後，地上的土壤都被那些退卻的冰河帶走了，因此，這個地區以火山岩床為主，並不適合動植物生存。然而，又過了數萬年之後，這片岩床逐漸風化崩解為一層土壤，孕育了一些矮生的蒿屬植物、幾株杜松和零星的幾叢扭葉松。

最後一個冰河期結束後，便進入了「中期古代時期」（Middle Archaic period，西元前二〇〇〇年到西元五〇〇〇年之間）。這段期間，此區的氣候頗為穩定：冬天酷寒難耐，但夏天則頗為溫暖，以致綠草繁茂。此外，當地湖泊眾多，又有從山上流下、蜿蜒於廣闊山谷間的一條條河流與小溪，因此水源頗為充足。在這樣的氣候與環境下，許多生物都得以滋長。

當時這裡的聚落結構鬆散，每個聚落通常是由幾戶人家所組成，彼此分擔雜務與責任。人們主要以狩獵與採集維生，過著游牧的生活，除了獵殺各種野味之外，也會採集植物的根部、種子以及其他可食用的部位。此外，他們也會打造各式各樣的工具，例如杵、缽以及若干狩獵用具，例如以玄武岩或黑曜石製成的擲矛器與矛。

距今大約三千年前，一棵和玉米粒差不多大小、看起來微不足道的種子落在切什米—巴格拉拉西城西邊大約六千八百七十五哩一處乾燥的土壤上。儘管這座山上到處都是變質岩，但還是有些許水氣，於是這顆種子便生了根、發了芽。由於很能適應此地的極端氣候與環境，再加上這裡沒有人為的干擾，於是種子逐漸長大，並且生機蓬勃。再後來，種子的四周也陸續長出了其他樹木，但它卻是最老的那一棵，而且很可能熬過了三千多個風雪逼人的冬季以及熾熱難耐的夏天，才得以存活至今。

現今

請想像一下你自己住在這樣一個地方：有好幾個月的氣溫都在冰點之下，刺骨的寒風不停呼號，土壤貧瘠且極其稀薄，山坡都是由岩石所構成，上面縱橫交錯著一道道淺淺的沖溝。雨水時有時無，而且降雨次數稀少。冬天遍地滿是厚厚的積雪，空氣中的含氧量只有百分之十五點一。這便是溫帶針葉林所生長的環境，屬於亞高山帶的生態區，海拔介於三百三十呎到一萬零一百七十呎之間。如果你是一棵杜松，可能會覺得這樣的環境正好適合你生長，而且還能得享高壽。

「貝內特杜松」（Bennett Juniper）位於「斯坦尼斯勞斯國家森林」（Stanislaus National Forest）中的「老鷹草甸」（Eagle Meadows）附近，生長地在上一個冰河期時曾為大面積的冰河所覆蓋。由於受到冰河侵蝕，此處的土壤厚度從原本的二十四吋降低為僅僅六吋。底下的岩床是由火山岩所組成，上面長滿了蒿屬植物以及零星幾叢年輕的扭葉松和杜松。地面的植被稀少，而且由於此處山區自二〇〇〇年以來就一直為乾旱所苦，所以這些植被大多頗為乾燥。就像貝內特杜松一般，這裡的其他杜松也大多長在古代冰河退去後所留下的「冰積物」（即充滿礫石的沉積物）上。

貝內特杜松之所以得名，是為了紀念博物學家克拉潤斯・貝內特（Clarence Benett）。他在一八九〇年代初期致力於研究太平洋沿岸的西部杜松（*Juniperus occidentalis*）。他在進行田野調查時，曾經在各地收集那些掉落在地上的西部杜松枝幹，並仔細計算年輪，以判定那些樹木的生長率和年齡。據他估計，那些樹當中，有許多棵的年齡都超過了一千歲。

這棵名叫貝內特杜松的樹，是在一九二〇年代被幾個巴斯克牧羊人發現的。

到了一九三二年，長年經營牧場生意的艾德・柏格森（Ed Burgeson）向貝內特介紹這棵樹，並且帶他前往其生長地，讓他看看這棵高達七十五呎、巨大無比的西部杜松。到了一九七八年，這棵樹連同周圍三英畝以內的樹木，全都被納入大自然保護協會的管轄範圍，以便正式受到保護。此舉讓大眾注意到了這棵樹的存在，此後，愈來愈多的遊客前往造訪，超過了該區所能負荷的範圍。到了一九八七年，大自然保護協會便將這個地區交由搶救紅木聯盟管理。

貝內特杜松並非紅木，之所以會交由搶救紅木聯盟保護，是因為當時沒有其他組織有足夠的資源可以保護貝內特杜松和周遭的土地，使其免於遭到木材業者的砍伐。後來，搶救紅木聯盟在那裡設置了一條短短的解說步道，在貝內特杜松附近放了一張長椅，並在周圍架設了一道圍籬，同時還樹立了幾面告示牌，說明這棵樹的歷史背景。除此之外，該聯盟還雇用了一個現場管理員，負責在夏季的幾個月份擔任解說員，並且保護該地點，使其免於遭到破壞。

二〇二二年十一月時，總部設在加州傑克森市（Jackson）的一個地方性機構「主礦脈土地信託基金會」（Mother Lode Land Trust，簡稱 MLLT）接管了這個地區。當時，該基金會的執行董事艾莉・魯特（Ellie Routt）表示，這棵長滿節瘤、枝幹扭曲的貝內特杜松是一棵無與倫比的高山杜松（Sierra juniper，學名 *Juniperus grandis*），已經忍受了數千年的乾旱、嚴冬與閃電。她並且強調，由基金會管理此地，將可確保這棵奇特的樹能夠受到當地機構的照管以及永久的保護，讓每個人都有機會可以看到它。在管理權移交時，該基金會獲得了四萬美元的種子基金，以確保貝內特杜松可以得到長期的照管。

時至今日，貝內特杜松已經長到八十六呎之高，比一座網球場的長度還多了八呎，樹冠寬度平均是五十六呎，比一輛校車還長二十呎。樹幹中段的直徑是十二呎半出頭，相當於一隻成年雄性非洲象的身高。根據上一次測量的結果，樹幹在距地面四點五呎之處的周長是四百八十吋，要十一個大人手牽手才能將它整個環抱起來。因此，貝內特杜松是「國家大樹名錄」（National Register of Big Trees）中最大的一棵杜松，也是目前美國已知的杜松當中最大的一棵。

高山杜松只見於美國西部，有許多不同的俗名，包括西部杜松、高山西部杜松等等。會出現如此多俗名的原因之一，是因為在某些分類學家的見解中，它被認為是西部杜松（*Juniperus occidentalis*）的亞種[4]。這種杜松大多為雌雄異株，但偶爾也有雌雄同株的現象。

儘管西部杜松是一個獨特的樹種，只生長於內華達山脈東側一個狹小的地帶，但和它同屬的還有其他大約六十個樹種，因此杜松屬植物乃是全世界分布最廣的樹木之一，無論是中美洲、亞洲、北極或熱帶的非洲都可以看到蹤跡。此外，杜松還有一個特點：樹形和大小非常多樣化。有的杜松具有粗壯的枝條，高度可達一百三十一呎，有些則頗為矮小，枝條很長，葉片濃密。有些植物學家認為，杜松是世界上最常見的木本植物。

嚴格來說，杜松的「漿果」並非真正的漿果，因為這實際上是來自杜松的雌性毬果。自從希臘羅馬時代以來，這些漿果就被用在許多料理及藥物中，例如琴酒就是用它來增添風味，北歐人也將它當成料理用的苦味香料，有幾種芬蘭啤酒當中也添加了杜松漿果。美國原住民則用這些漿果來做為利尿劑、治療糖尿病的藥物、避孕藥以及香料和染料。

但貝內特杜松最令人矚目之處，或許是它的年齡。最初，貝內特根據他從附近的杜松樹樣本所得出的數字（其中包括一棵估計有八百歲的杜松倒木剖面），

4 審訂註：西部杜松的亞種，南方西部杜松（*Juniperus occidentalis* subsp. *australis*），於二〇〇六年被處理為一新種，高山杜松（*Juniperus grandis*）。

推斷它應該有六千多歲。但在一份一九三〇年代發表、未經證實的報告則指出，根據木芯取樣的結果，這棵樹應該在三千歲左右。到了一九八九年，亞歷桑納大學樹木年輪研究實驗室的一名研究員提取了貝內特杜松的木芯，確認它的年齡為三千歲左右。

然而，一九八九年所提取的樣本顯示：樹皮底下大約兩呎之處，有一大塊木頭已經腐爛，內部也有一個地方已經半空。既然樹幹內有很大一部分已經消失了，要準確判定貝內特杜松的年齡似乎變得很困難。關於這點，根據楚埃特的說法，樹木內部是否會腐爛，取決於樹木的種類以及所在的位置。舉例來說，位於或靠近潮濕環境的樹木，往往會出現木芯腐爛的現象。

不過，楚埃特接著又說，根據木頭年輪的曲度，有一些方法可以測定其「腐爛指數」（rot factor），比方說科學家們可以估計那些年輪和木材中心點之間的距離，但只有在兩者距離五到二十五年之間的時候，這個方法才較為準確。她解釋說，如果這年輪距離木材中心點有一、兩百年之遙，要看出兩者間的差異就會變得困難許多。換句話說，科學家們往往會檢視最新一道年輪腐爛的程度。如果只有一點點腐爛，他們就能做出相當準確的估計，但如果腐爛的程度較高，要判定樹木的年齡就會變得困難許多。

楚埃特強調，樹木並不一定每年都會長出一道年輪。在像美國西南部這般乾燥的氣候裡，有些樹木為了節省能量，就未必會每年都長出一整圈年輪。因此，僅靠年輪來判定樹木年齡可能不盡然準確，要看木材中心點的樣本是取自樹木的哪一個部分，而且，木材中心點樣本可能也只能讓我們看出一部分的事實。這時，或許就可以用其他方法來判定一棵樹的約略年紀，其中一個方法，便是根據樹木的大小或生長率來判定。然而，比較麻煩的是：有些樹不見得每年都會長出新的年輪，但有些樹則會。簡而言之，並非一個地區所有的樹木在同一年都會出現不長年輪的現象。這時，就可以使用交互定年法。

在採用交互定年法時，科學家們會比對同一地區幾棵不同樹木和木頭碎片歷年來的年輪寬度，如此便可以準確判定一棵樹或一截樹樁是否少了幾道年輪。你或許還記得之前我們在討論刺果松時所談到的：科學家們只要將活樹樣本的年輪與那些已經死去而且歷史顯然更悠久的樣本（例如用來蓋房子或製作傢具的木材）相比較，就可以看出之前好幾百年間所發生的情況。

樹齡學的精準測定法提供了一個基礎，讓科學家得以研究人類歷史與氣候之間的複雜關係。此一研究讓我們能夠透過檢視某些樹木內部的狀況來了解外部環境，例如它們經歷過什麼樣的氣候與危險，以及在這段歷史中所扮演的角色。

要了解貝內特杜松和一般杜松的壽命，我們不妨看看另外一棵古樹——「司可福杜松」（Scofield Juniper）的例子。這棵樹經常被稱為所有曾經過精確定年的杜松當中最長壽的一棵。它位於塞諾拉山隘（Senora Pass）附近，距貝內特杜松大約十哩，被發現的時候早已死亡。位於馬里蘭州巴爾的摩市的「牛津年輪實驗室」（Oxford Tree-Ring Laboratory）在提取了它的木芯並且截取橫斷面之後，判定它萌芽於西元前一五二〇年左右，死於西元一一五五年左右。也就是說，它一共活了兩千六百七十五年。

根據「洛磯山脈年輪研究中心」（Rocky Mountain Tree-Ring Research）一份定期更新的全球「老樹名單」（Old List），司可福杜松的年齡在迄今所發現的老樹當中排名第八。這八棵樹當中，有四棵是紅杉，兩棵是刺果松，而司可福杜松就位於這樣的明星陣容中。杜松是全球名列第四的長壽樹種，排名僅次於刺果松、生長於智利南部和阿根廷的智利柏（*Fitzroya cupressoides*，根據文獻記載，它們可以活到三千六百二十二歲）以及紅杉。

造訪貝內特杜松的這段路程，無論對人類或車子來說都很辛苦。若要平安抵達杜松所在之處，既不受傷、不出車禍，也不走錯路，開車的人就必須用雙手緊緊地抓住方向盤，並且專心地盯著前面的路才行，因為這條小徑不僅到處都是岩石，而且迂迴盤旋。行走其上不僅很耗損車輛，人的骨頭也很容易被搖散。

貝內特杜松位於高山小鎮索諾拉（Sonora）的東邊。我們走一〇八號公路，經過史綽貝瑞（Strawberry）這個迷你小鎮，再開十三哩路後便右轉上五N〇一號公路，開往老鷹草甸。之後的路段大多是泥土路，只有少數幾段有鋪面。這段路總長十二哩，我們的車子開得又慢又吃力，不過，一路上的杜松、蒿屬植物和扭葉松都很有看頭，讓我們感覺時間過得飛快。

貝內特杜松位於海拔八千四百呎之處，但一年當中有許多時間因為下雪或融雪的緣故，外人都無從進入該區。要造訪這棵樹，最好的時節是六月中到十月。如果你打算前往，建議你先和美國國家林業局的「峰頂護林站」（Summit Ranger

Station）連絡，詢問道路狀況和相關的注意事項。由於路途非常顛簸，有意開車前往的人，可以向位於「松頂」（Pinecrest）的峰頂護林站索取斯坦尼斯勞斯國家森林地圖。此外，如果要去，強烈建議你開高底盤的車輛，而且要在汽車座椅上鋪上厚墊子。

遊客抵達後，可以把車子停在一小片空地上，然後再沿著解說步道，穿過一座大約一百碼長的小橋，之後就會看到幾棵年紀較輕的樹，以及幾塊長滿灌木的土地。從貝內特杜松所在之處再往上走一點，就會看到一張木製長椅。從那裡可以欣賞這棵樹的巨大身姿與雄偉模樣。這是一棵很有耐性的樹——生長得很慢，在一個人的一生當中，這棵樹可能只長高一吋。

當你在觀察這棵奇樹時，不妨想像一下二〇一八年夏末的那個場景。當時有人在斯坦尼斯勞斯河（Stanislaus River）中間岔流上的唐納爾水壩（Donnell Reservoir）附近違法生起營火，結果引發一場大火。火勢迅速往南蔓延到幾處荒野、幾塊公有地以及美國林業局的一些道路。這場火持續了將近四個月，燒毀了五十四座大型建築以及八十一座小型建築，焚燒面積共達三萬六千四百五十英畝。大火一度燒到距離貝內特杜松不到半哩的地方，但在消防員從地面和空中密集展開的滅火攻勢之下，火勢終於平息，貝內特杜松也因此獲救。

距離貝內特杜松大約二十五碼的地方，另有兩棵令人印象深刻的杜松，被暱稱為「佛雷」（Fred）與「琴吉」（Ginger）。這兩個名字是源自一九三〇和四〇年代兩個當紅的雙人舞明星佛雷・亞斯坦（Fred Astaire）和琴吉・羅傑斯（Ginger Rogers）。如果你仔細看，會看到這兩棵樹彼此溫柔的擁抱著，彷彿在跳著一闕永恆的舞蹈。

遠遠望去，天空和大地在地平線上似乎逐漸合而為一，散發出一種莊嚴的氣息。這裡是百分之百的荒野，遠離塵囂與人煙。雖然偶爾有一些遊客行走在步道上或者駐足端詳某一棵樹，但他們都只是一時的過客。這裡的花草樹木並不需要依靠人類存活。事實上，千百年來它們一直憑著自己的本事活得很好。

曾經撰寫《北極夢》（*Arctic Dreams*）與《勇敢的擁抱燃燒的世界》（*Embrace Fearlessly the Burning World*）等書的優秀自然書寫作家貝瑞・洛佩茲曾經寫道：「荒

野是一個基因庫，攸關動植物的復原力。」我們之所以來到貝內特杜松前面，或許是為了觀察粗大的枝條、寬廣的樹冠以及壯碩的樹幹，也可能是為了讚嘆它的長壽，但我們可能會忽略一個事實：貝內特杜松之所以長得如此巨大，具有如此獨特的復原力，是因為它一直在對抗大自然的力量。

然而，貝內特杜松就像內華達山脈的其他許多樹木一般，正面臨生存的壓力，而這些壓力又因為氣候變遷而加劇。由於周遭氣溫不斷上升，這裡已經有好幾十年一直處於乾旱狀態，而且程度更甚於之前的數百年。這樣的乾旱又加劇了蒸散作用（植物的葉子和土地的水分蒸發的現象），使得許多植物更是難以得到水分。

樹木在面臨乾旱的壓力時，會逐漸出現許多健康問題，其中包括小蠹蟲的大量繁衍。這些小蠹蟲會啃咬樹皮，進入韌皮部（樹木的內層樹皮），並且往往會在木頭裡面打洞、產卵。這些卵孵化成幼蟲後，又會進入韌皮部，逐漸癱瘓樹木的循環系統，導致樹木死亡。此外，氣候的變遷也會對昆蟲產生影響，使得它們數量遽增。到最後，連像貝內特杜松這樣健康、長壽的樹木也會因蟲害而死亡。根據國家公園管理局（National Park Service）所發布的數字，在一九五五到二〇〇七年間，美國西部各地樹木的死亡率增加了一倍。同時，在二〇一二到一八年間，由於各種與氣候變遷有關的環境壓力，加州損失了大約一億四千兩百萬棵樹。幸好，直到目前為止，貝內特杜松仍得以倖免。

詩人可能會寫出長長的詩篇以歌頌貝內特杜松之美，作家可能會撰寫動人的文章讚嘆其高壽，讀者們可能會欣賞它茂盛的模樣。然而，除此之外，它也是「生物完整性」（biological integrity）的絕佳範例。有些人或許會認為貝內特杜松只是僥倖存活下來罷了，但直到今天，它仍是這片荒野上的一個印記，是對大自然的禮敬、對時光的歌頌，也顯示了生命的奧妙與神奇。

CHAPTER 10 有景待賞

俗名 美國櫟、南方活橡樹
學名 *Quercus virginiana*
年齡 一千兩百歲
地點 路易斯安納州，曼德維爾市

西元八二〇年，大伊朗，花剌子模

他被一代又一代的高一學生所辱罵、詛咒，因為他在學生的課程中加了一些東西。這些學生雖然大多不知道他的姓名，但他們在畢業很久之後，往往還會記得他對自己的教育所造成的影響。

穆罕默德・伊本・穆薩・花拉子米（Muhammad ibn Musa al-Khwarizmi，大約西元七八〇至八五〇年）是代數學的創始人。他在西元八二〇年左右撰寫了一本著作，名為《完成與平衡計算法概要》（*The Compendious Book on Calculation by Completion and Balancing*）。在書中，他舉了許多例子，說明代數學可以用來解決許多問題。這是第一本使用 algebra（代數學）這個字眼的書。此字源自方程式的基本運算法之一。Al-jabr 的意思是「將折斷的骨頭復位」，指的是在一個方程式的兩邊各加上一個數字，以增強或抵消各種條件。將此字再加上 al-Khwarizmi 這個名字的一部分，就成了現在英文中的 algorithm（演算法）這個字。

花拉子米用來解決線性和二次方程式的方法，是將一個方程式簡化為六個標準形式之一：平方等於根（$ax^2 = bx$）、平方等於數字（$ax^2 = c$）、根等於數字（$bx = c$）、平方和根等於數字（$ax^2 + bx = c$）、平方和數字等於根（$ax^2 + c = bx$）以及根和數字等於平方（$bx + c = ax^2$）。代數學就是利用在方程式的兩邊加入同一個量的方式以移除負數、根與平方的過程。你不妨試著演算下面這個文字題，藉以測試自己的代數能力：米蘭達在父母果園中的一棵樹上採了幾個橘子。如果她將採下的橘子數量減掉十七，再將餘數除以三，就會得到十三。那麼，她一共採了幾

顆橘子？（答案在本章末尾）

後世的數學家如維克多．卡茲（Victor J. Katz）、福洛里安．卡喬瑞（Florian Cajori）和卡爾．鮑伊爾（Carl Boyer）都認為，花拉子米的代數學是所有科學最重要的基礎之一。同樣的，當科學家發現樹木已經在地球上存在了大約四億年，而且有化石可以證明這個事實時，這也可說是樹木研究史上最重要的基礎之一。至少，它改變了我們對於地球樹木壽命的概念。

代數學對方程式的解法做出了簡單明白、直截了當的說明，是阿拉伯數學最重大的進展之一。花拉子米不僅改變了數學研究的內容，也改變了高中一年級生所受的教育。

西元八二〇年，路易斯安納州，曼德維爾市

在花拉子米的出生地以西七千兩百九十七哩的地方，一根小小的芽苗鑽出了鬆軟的泥土以及腐爛的落葉堆，來到了這個世界。外觀毫不起眼的它沐浴在燦爛的陽光中，吸收維持生命所需的養分，準備展開一段美好的生命旅程。最終這個

芽苗將長成一株巨大的樹，不僅傲視周遭的草木，也讓人們抬頭仰望。

在這個崎嶇不平但生機勃勃的地區住著幾群原住民，他們原本是游牧民族，以狩獵大型的哺乳動物維生，但他們逐漸安頓了下來，建立了一些聚落，並開始種植豆子，玉米、向日葵和南瓜。他們的社會屬於父權體制，男人負責狩獵、捕魚、蓋房子以及保衛家園，女人則負責織布裁衣、製作各種器具、照顧孩童並種植作物。

到了十六世紀歐洲人抵達時，如今被我們稱為「路易斯安納州」的這個地方住著大約一萬個原住民。他們分屬於六個部族，語言各不相同，其中包括：加度族（Caddo）、奇蒂馬查族（Chitimachan）、圖尼卡族（Tunican）、納切茲族（Natchez）、馬斯科吉族（Muskogean）和阿塔卡帕族（Atakapa）。他們多半住在用美洲蒲葵的枝葉鋪頂的木屋或草屋裡，以樹皮、羽毛和獸皮為衣，身上還會佩戴各種飾品。如果有人死亡，他們會先舉行盛大的歌舞儀式，然後將死者埋在墳塚裡。儘管每個部落的宗教信仰不同，但他們都很崇敬土地與大自然，因此，在取用大自然的資源時，多半都會有所回饋。

現今

這棵樹看起來就像一隻歷盡滄桑的章魚，枝幹歪斜，彷彿被凝凍在時光中。自豪地站在路易斯安納州浩瀚燦爛的天空下，看起來氣宇非凡。這棵樹雖然不會動，卻打動了所有的觀賞者。在歷經千百年狂風暴雨以及猛烈颶風的侵襲後，仍然屹立不搖。

從遠處看，樹木挺立在地平線上，在周遭那些較小的樹木簇擁下，顯得出類拔萃，與眾不同。枝幹先是伸向天際，然後又往下垂，接著又再度往太陽的方向伸展。這是它最大的特色，也是對抗颶風與暴風雨的武器。它是一棵健壯的南方活橡樹，高達六十八呎，樹圍三十九點八呎，樹冠寬度有一百三十九呎，比三座匹克球（Pickleball）場連在一起還要長一些。

所謂的「活橡樹」，指的是好幾種櫟屬的樹木，其中又以南方活橡樹最為人所知。為了和落葉性的橡樹有所區別，活橡樹又被稱為「常綠橡樹」。春天時，南方活橡樹的葉子每隔幾個星期就會脫落換新；冬天時，當其他種橡樹都光禿禿的、處於休眠狀態時，活橡樹卻滿樹綠意，因此被認為是「活的」；到了秋天，樹上的橡實會掉落，成為火雞、綠頭鴨和美洲啄木鳥等鳥類以及黑熊、松鼠和鹿等哺乳類動物的食物。

活橡樹是美國南方最具代表性的樹木，尤其是那些樹冠龐大，枝幹長及觸地後再向上生長的老樹；這些樹上經常垂掛著一縷縷長達數公尺的「松蘿鳳梨」（*Tillandsia usneoides*）。這棵名為「七姊妹橡樹」（Seven Sisters Oak）的巨樹上面就有這種到處蔓延的附生植物。松蘿鳳梨是一種鳳梨科植物，會聚生於樹木的表面，而且往往長得非常濃密，足以讓樹木的葉子照不到陽光，也會增加樹木的風負載（wind loading，指的是風使樹木承受的壓力與張力）。這種苔蘚狀的鳳梨並非寄生植物，而是會透過葉表濃密的鱗片吸收雨水和潮濕空氣中的水分。大多數植物都是在白天吸收二氧化碳，用來行光合作用，但松蘿鳳梨只有在夜間或白天的暴雨過後才會吸收二氧化碳。它在受到強烈的暴風吹襲時，往往會從樹枝上脫落，散布在樹木四周的地面上。過了幾年後，原先的樹上又會再度長滿松蘿鳳梨，直到下次再度遇上足以颳落它們的風暴。

這棵樹之所以會被稱為「七姊妹橡樹」，是因為當地人一度認為它是由好幾棵樹組成的。但一九七六年時，聯邦政府的幾位林務官實地視察後，證實它只有一個根系。

「七姊妹橡樹」和本書中其他樹木的不同之處，正是因為它位於私人的產業上。那是一棟兩層樓的住宅，地址是路易斯安納州曼德維爾市路易斯柏格區（Lewisburg）泉水街（Fountain Street）二〇〇號。你只要從龐恰特雷恩湖（Lake Pontchartrain）的北岸走一小段路，就會看到絕美的剪影。它那令人印象深刻的風姿，吸引了美國及全球各地的人士前來拍照攝影，但基於對業主的尊重，遊客應該與之保持適當的距離。

七姊妹橡樹原本被稱為「竇比的七姊妹」（Doby's Seven Sisters）。這是因為最初為它命名的那位業主凱洛・亨德利・竇比（Carole Hendry Doby）自家就有七個姊妹，而且這棵樹位於當時竇比家的土地上，或許她是想藉此來榮耀並保存家族的傳統。到了後來，這棵樹就被稱為「七姊妹橡樹」，不過從未有人提到改名的原因。最重要的是，一九六八年時，這棵樹被推選為「活橡樹協會」（Live Oak Society）當屆的會長。

威廉・古因（William Guion）自從一九八五年以來就一直致力於研究並拍攝路易斯安納州橡樹的工作。根據他的說法，西南路易斯安納學院（Southwestern Louisiana Institute）——即現在位於拉法葉的路易斯安納大學——的第一任院長艾德溫・史帝芬斯（Edwin Stephens）曾經寫過一篇名為「在我眼中，路易斯安納就是一棵不斷成長的橡樹」（I Saw in Louisiana a Live Oak Growing）的文章，發表於一九三四年的《路易斯安納保育評論》（*Louisiana Conservation Review*）上。他仿效詩人瓦特・惠特曼（Walt Whitman）一首詩中的筆法，讚頌活橡樹獨特的美。此外，他也花了好幾年的時間觀察並拍攝活橡樹，尤其是最老、最大的那幾棵，並且收集相關的資料。他認為活橡樹是路易斯安納州重要的文化、歷史與藝術象徵，甚至主張南方活橡樹的學名應該從 *Quercus virginiana* 改為 *Quercus louisiana*[5]，因為路易斯安納州各地都有大量的活橡樹。此外，他還在他的文章中倡導成立一個專業機構來維護並保存各地仍然活著的古老活橡樹。

活橡樹協會成立的宗旨，在於推廣南方活橡樹的栽培、傳布、保存與欣賞，根據該協會的章程，無論在任何時候，都只能有一個人被列入該協會的成員，而此人必須負責登記並記錄其他成員（也就是樹木）的資料。一棵活橡樹的樹圍必須在八呎以上才能成為該協會的成員。剛開始時，活橡樹協會的成員只有四十三位，如今已經超過八千八百位，並且遍布十四個州。

活橡樹協會的第一任會長，是位於路易斯安納州塔夫特（Taft）這個地方的「洛克．布侯橡樹」（Locke Breaux Oak），但它在一九六〇年代末期因為空氣與地下水的污染而死亡。不久，七姊妹橡樹即因為其巨大與美麗的姿態而獲選為第二任會長，參加就職典禮的貴賓包括路易斯安納州的州長約翰．麥奇森（John Mckeithen）。據在場人士表示，這場典禮除了有一些慶祝活動之外，還邀請美國海軍陸戰隊的樂隊演奏了好幾首曲子，並由一群芭蕾舞者圍繞著七姊妹橡樹翩翩起舞，讓觀眾看得很開心。典禮結束時，每位參加人員都獲贈一枚印著七姊妹橡樹畫像的木質「錢幣」。

5 審訂注：由於 *Quercus virginiana* 種小名意為「維吉尼亞州」，因而有此主張。

我想要進一步了解活橡樹協會以及他們的會長，於是和自從二〇〇〇年起便擔任該協會主席以及唯一人類成員的柯琳・裴瑞洛・藍德芮（Coleen Perilloux Landry）連絡。她告訴我，該協會的總體任務就是推廣、保存並維護活橡樹。自從成立至今，他們已經和美國陸軍工兵部隊（Corps of Engineers）以及州政府和聯邦政府的公路管理局等大型機關進行多次談判，極力搶救那些預定要被砍伐的活橡樹。如果對方要進行排水工程，活橡樹協會就會建議他們在樹底下挖鑿地道，或者把樹遷移到另外一個地點。如果對方打算興建一條公路，該協會有時甚至會建議他們更改路線，而這些機關多半也都願意配合。正如藍德芮所言，活橡樹協會的使命之一，就是堅定支持它的每一位成員，無論成員們位於何處、年齡多大。

藍德芮在講述七姊妹橡樹過往的一些事蹟時，關心之情溢於言表。她告訴我，在春末夏初時節，當平均降雨量上升至一個月五到七吋時，附近的密西西比河的河水往往會漫過河堤，流入距七姊妹橡樹只有兩個街區之遙的龐恰特雷恩湖，然後湖水往往又會漫過湖岸，淹沒七姊妹橡樹所在之處以及周遭地區。因此，活橡樹協會已故的第一任會長以及仍然健在的第二任會長，都吸收過密西西比河的河水。

藍德芮表示，全球各地的人們之所以前來造訪七姊妹橡樹，不僅僅是因為其優雅的風姿，也是因為它禁得起大自然力量的考驗。面對這樣的力量，換成普通的樹，恐怕早已摧折。她指出，這棵樹幾百年來至少已經經歷過十次猛烈的颶風，卻鮮少受到損傷。近年的幾次颶風包括二〇二一年最強風速達每小時一百五十哩的艾達颶風（Hurricane Ida）、二〇〇五年最強風速達每小時一百七十五哩的卡崔娜颶風（Hurricane Katrina）以及二〇〇二年風速達每小時一百二十哩的麗麗颶風（Hurricane Lili）。

面對這些颶風的吹襲，活橡樹通常有能力保護自己，不致受到太大的損傷。根據統計，在一場大規模的颶風過後，有百分之三十的活橡樹能夠毫髮無傷，百分之五十會有枝條彎折或斷裂的現象，百分之十六會有葉子大量掉落的情況，樹冠受損的占百分之五，主幹折斷的占百分之二，只有不到百分之三會被連根拔起或倒在地上。在暴風雨過後，它們通常只有葉子和小樹枝會被吹落，絕大多數所受的損害都不大。

丹尼斯（E. J. Dennis）是研究活橡樹的專家，從二〇〇六年開始就一直負責照顧七姊妹橡樹。他說，活橡樹之所以能夠耐受強風，是因為寬度遠大於高度，樹冠寬闊而且根系龐大。此外，樹枝在不同的高度會往不同的方向生長，這也使得它們特別能夠禁得起來自墨西哥灣的強風暴雨。這正是所謂的「形隨機能」（Form Follows Function）。唯有如此，它們才能夠存活如此之久。

活橡樹之所以長壽，還有一個很重要的原因：能夠適應各種不同的環境。無論酸性、鹼性、肥沃、潮濕、砂質或黏性的土壤，它們都可以接受。活橡樹雖然喜愛水分穩定的環境，但也有一定的耐旱能力。它們在生命初期長得很快，但隨著年紀變大，生長的速度就會減緩。有些活橡樹的樹圍可達三十五呎以上，這顯示它們至少已經活了六百年之久。

喬治亞大學森林資源學院（School of Forest Resources）的吉姆・寇德（Kim D. Coder）表示，活橡樹通常可活四百年左右，但由於木材很硬，難以鑽取，而且較老的樹木會有柱狀腐爛的現象，因此很難準確判定年紀。碰到那些很老的活橡樹時，專家們往往只能揣測其年齡以及過往的經歷。

眾所周知，活橡樹的木材極其堅固耐用，因此一度是人們喜歡用來造船的樹種。正由於橡木如此珍貴，美國海軍還曾經擁有自己的活橡樹林場。一八二八年時，在約翰・昆西・亞當斯（John Quincy Adams）總統的授權之下，美國政府在佛羅里達州微風灣（Gulf Breeze）附近設置了「海軍活橡樹保護區」（Naval Live Oaks Reservation），由亨利・馬利・布拉肯里奇（Henry Marie Brackenridge）負責管理，並且在一八二九年一月一日開始營運。一般認為，這是美國第一座聯邦林場。其目標是提供足夠的活橡樹木材以供美國海軍在附近的彭薩科拉（Pensacola）建造船隻。這座造船廠從一八二〇年代一直持續營運到美國內戰期間。

海軍用來建造「憲法號」巡防艦（USS Constitution）的木料中，有一部分就是使用活橡樹的木材。在一八一二年戰爭期間，當英國戰艦對著憲法號發射大砲時，那些砲彈居然從那堅固的船身上彈開。因此之故，這艘巡防艦長久以來一直被暱稱為「老鐵甲船」（Old ironsides）。一九二六年憲法號翻修期間，造船廠用來修補這艘巡防艦的材料，有一部分就是來自彭薩科拉地區的活橡木。

就在內戰即將結束時，美國海軍所使用的船艦大多改為鐵製，因此對橡木的需求銳減。其後，原來的海軍活橡樹保護區就被變更為一千三百英畝的自然保護區，目前由「灣島國家海濱公園」（Gulf Island National Seashore）負責管理與維護。

除了七姊妹橡樹之外，還有一棵橡樹也有很高的知名度和人氣。它位於南卡羅來納州查爾斯頓（Charleston）附近的約翰島（Johns Island）上，是有史以來名氣最大的活橡樹之一。雖然年齡「只有」四、五百歲，但還是備受尊崇。這棵樹被稱為「安爵橡樹」（Angel Oak），藉以紀念在一八一〇年取得樹木所在土地的賈斯特斯・安爵（Justus Angel）以及妻子瑪莎・韋特・塔克・安爵（Martha Waight Tucker Angel）。這棵樹目前是查爾斯頓地區最熱門的景點之一，每年都有四十多萬遊客前往造訪。它的高度達六十六點五呎，樹圍二十八呎，樹蔭面積可達一萬七千兩百平方呎，是活橡樹協會登記第二一〇號的樹。就像七姊妹橡樹一般，雖然歷經颶風蹂躪、閃電襲擊、雷雨暴打，木材也有腐爛的跡象，但仍倖存至今。安爵橡樹和七姊妹橡樹都象徵著活橡樹充滿活力、堅毅不屈、極具復原力的精神。

我生長在寒涼的太平洋岸，看到那些生活在南加州海底的生物時，總是驚嘆不已。從海葵到豹紋鯊，從會螫人的水母到會遷徙的鯨魚，我就像潛進了一座無與倫比的透明動物園，悠游其中。有時，我會進入頭足類動物的神祕世界，裡面有著章魚、魷魚、鸚鵡螺和烏賊等等。根據現有的化石資料，這類多足的生物早在大約五億年前就已經出現在地球上，是極其古老的類群。牠們的歷史比起地球上其他百分之九十九的動物都更加悠久。有的被保存在岩石中，有的被撈捕入水族館展示，牠們是超乎歲月的存在。

章魚有八隻觸手，而烏賊和魷魚則有十隻觸腕，其中一對特化得極具伸縮性，成年鸚鵡螺的觸鬚有六十到九十根，視其種類而定。這些頭足類動物形態多樣性極高。當牠們揮舞著柔軟輕盈的肢體在海中移動時，動作既流暢又充滿節奏感，有如一闋古老的舞蹈，令我們心醉神馳。

七姊妹橡樹也是如此，它就像一隻在夏日風暴過後的天光中跳躍嬉戲的樹章魚，經歷過許許多多來自氣候的挑戰。當狂風吹來，造成生命威脅時，它雖彎不折，兀自挺立在天地之間，對抗著各種力量，而且活得欣欣向榮。它是耐力與長壽的化身。

代數問題的答案：

假設 X ＝米蘭達所採的柳橙數量。

① $\frac{X - 17}{3} = 13$

② $\frac{X - 17}{3} \times (3) = 13 \times (3)$

③ $X - 17 = 39$

④ $X - 17 + 17 = 39 + 17$

⑤ $X = 56$

米蘭達共採了五十六顆柳橙。

結語

老樹的頌歌

那是二〇一五年初夏的事。我在紅木國家公園的「伯德・約翰遜夫人樹林環狀步道」上停下腳步，觀賞眼前那棵已經挺立數百年的參天巨木。我先端詳那綠意盎然的樹冠，而後視線便緩緩沿著那滿布溝紋的巨大樹幹往下移。接近地面時，我看到樹幹左側好幾呎的地面上，有一塊木片正躺在樹蔭下的一叢蕨類植物間，形狀不太規則，看起來斑駁而老舊，只比我的食指大一點。

我把木片撿了起來，拿在手上，感覺它似乎有個故事要和我分享。這是時光的一個碎片，展示著耐力與歲月的痕跡。木片所屬的那棵樹，或許已經在從前的某個世紀裡被人砍伐，或是在幾十年前慘遭雷擊，但它提醒我：從前有一棵巨樹曾經生機蓬勃地站在這裡。這是一個訊號，或許是在向我示意，要我去發現它的過往，於是我便萌生了撰寫這本書的想法。

其後的那些年，這塊木片成了我所探尋的那些古樹的象徵，也代表了我為了追尋它們而走過的那些高山、沼澤、海濱、鄉間與荒僻的草原。在這一趟又一趟的旅程中，我目睹了大自然的神奇，對於樹木的壽命有了更多的了解，也更加體會到森林的美好。發現木片的那一天，我把它放回了原處，但如今它的一張照片卻放在我的書桌的一角，時時提醒我古樹的優美、奧妙以及其中所蘊含的真理。

樹木與森林都是一個廣大而複雜的生態系統的成員，地球賴以永續，人類也賴以存活。它們是大地的詩篇，彰顯了生命的華美，同時也庇護了各式各樣的生物，包括哺乳類、鳥類、兩生類、爬蟲類、魚類以及那些在林中步道上漫步並探索它們奧祕的人類。樹木與森林為我們提供生存所需的氧氣、豐饒的食物、乾淨的水源、各式各樣的藥品以及讓我們得以遠離塵囂、靜思默想的天地。樹木與森林是生命的寶庫，也是生物的守護者。

無論哪一種生物，若想要存活，都少不了樹木。地球上的樹木加起來，可以吸收大約百分之二十的溫室氣體。樹木不僅為許多生物提供了庇護所，也能調節地球的氣溫，並提供各種必要的資源，讓人類得以興建住宅、製作衣服並填飽肚子。除此之外，樹木也以優雅的風姿與盎然的綠意美化了我們的環境。無論在歷史或生物學上，它們都持續發揮著影響力，是不可或缺的存在。

那些古老的樹木也是如此。它們深諳生存之道，令我們心生景仰，也打開了我們的眼界，讓我們看到大自然的奧妙。它們高貴而莊嚴，不同於一般的樹木，古老的樹木展現了不屈不撓的精神與求生存的決心。透過樹齡學這門學問，我們得以對它們有所了解，也可以準確判斷年齡。因為有了這些數據，科學家們才得以洞悉地球過去幾個時期的氣候模式、空氣狀況以及地質的改變。

這些年來，我探訪了加州中部的一些古老紅杉、古代刺果松森林裡的幾棵可敬的松樹、外觀並不起眼但已經從史前時期存活至今的一棵帕爾默橡樹、猶他州中南部一棵有著眾多枝條的顫楊樹、黑河沿岸那些傳奇性的落羽杉、挺立在灌叢山坡上的一棵杜松、生長在加州北部一個狹長地帶的雄偉紅木，以及一棵經歷了數百年暴風吹襲仍然屹立不倒的活橡樹。

這幾趟旅程不僅讓我有了許多發現，也讓我進入了一個不為人知卻令人大開眼界的國度。那些古老的樹木提醒我們：大自然有許多奧祕等待著我們去探索，也有許多值得我們欣賞之處。我們只要走到戶外，在樹林間走走，就會有所收穫。

那年冬末的一個午後，天空聚集著一朵朵從南方飄來的烏雲。我沿著社區附近一座公立高爾夫球場的周邊散步。走了大約一哩路後，遇到了一個正在遛狗的熟人，於是我們便停下腳步，閒話家常。不久，他問起我這本書的寫作進度，還問我在寫作過程中學到了什麼。於是，我便告訴他旅程中所發生的一些事情以及我的若干新發現。然後，他又問了我一個很犀利的問題：「古樹有什麼重要性呢？」

這是我在每一個故事、每個段落以及每項研究中所試圖探討的問題。這些樹木為何重要？我們為何要在意它們？我希望那天我給他的答案既不失禮貌又堪稱周詳。

首先，古樹為我們捎來了許多過往的訊息，讓我們得以了解從前各地方的狀況以及當地的生物所處的環境。古樹的體內蘊含了許多祕密，這些祕密有些已經被科學家們所揭開，有些迄今仍無人知曉。許多時候，我們所關注的是這些古樹的過往，但在了解了它們的經歷之後，我們便會更加體認到其重要性。因此，目前有許多機構都在從事保護古樹的工作。

其中之一便是位於密西根州科普米什村（Copemish）的「天使長古樹檔案館」（Archangel Ancient Tree Archive），他們的宗旨是透過三個階段的工作，確保古樹能夠存活：（一）以組織培養或扦插等無性生殖等方式複製現存最古老、巨大的樹木；（二）在奧勒岡州建立全球第一個以無性繁殖方式繁衍的海岸紅木林與巨杉林；（三）在選定的土地上，重新種植這些保存了老樹遺傳資源的樹苗，就像一座「冠軍樹」[6]的活圖書館。他們在宗旨說明中表示，「透過傳統和先進的園

6 編按：Champion trees。由「全國冠軍樹計畫」為美國境內最古老的大樹所做的普查，並創建一份名單向公眾開放，每年更新（見下一頁）。

藝繁殖法保存老樹，使我們得以重建天然的濾淨系統，過濾我們的水與空氣，對抗因氣候變遷而導致的全球暖化現象，並且保護我們的淡水生態系統，以恢復地球的健康」。簡而言之，他們相信古樹攸關現在及未來所有生物的健康。該組織的共同創辦人大衛・米拉區（David Milarch）表示：「過去我們拯救這些樹木，現在它們將會拯救這個世界。」這句話充分說明了古樹保護工作的重要性。

「美國森林協會」（American Forests）所推動的「全國冠軍樹計畫」（National Champion Trees Project）也表明了他們對古樹的重視。這項計畫實施已將近一百年，其內容是鼓勵民眾尋找美國境內最大、最老的樹木。早年該計畫的目標是號召全國各地的民眾一起找尋某幾種樹木當中最大的幾棵。不過，後來他們的重點就逐漸轉移了，如今他們的目標是號召民眾一起來預防生物多樣性的喪失，讓民眾更加認識大樹在生態系統中所具有的重要地位，並且願意為了後世的子孫而努力維護並保存所有的大樹與古樹。這項活動非常成功，引發了大眾對樹木的興趣，讓更多人願意站出來為保護樹木盡一份心力。總的來說，一般大眾在參與了尋找大樹的活動後，通常都會更有意願參與保護樹木的工作。

二〇二二至二三年間，加拿大的卑詩省發生了一件具有指標性的訴訟案。

古樹在其中發揮了決定性的影響力。當時，卑詩省的原住民「努查特拉第一民族」（Nuchatlaht First Nation）具狀控告卑詩省政府，宣稱溫哥華島西邊的努特卡島（Nootka Island）上大約七十八平方哩的土地應該歸他們所有，但卑詩省政府辯稱努特卡島的土地乃是公有地，並宣稱「努查特拉第一民族」和那塊土地之間並沒有持續性的連結。因此，「努查特拉第一民族」必須證明他們在一八四六年英國與美國簽約、獲得了卑詩省的主權之前就已經在那裡生活。後來，他們所提出的證據便是努特卡島上的千年紅雪松。他們指出，世世代代的努查特拉人都會利用紅雪松的樹皮來製作藥品、釣具和衣物，因此長久以來他們一直有收割樹皮的傳統。其後，科學家們果然在島上找到了大約兩千五百棵被割過樹皮的樹，而且從傷口癒合過程中所形成的溝槽來判斷，這些傷口已經有數百年的歷史。對於努查特拉人以及其他「第一民族」而言，這些古樹不僅保存了他們的文化傳統，也證明了祖先留下的那些土地確實歸他們所有。最後，他們終於得以確立自己的主權，維護自身的權益。這不是一件容易的事，但那些古樹卻幫他們辦到了。

發表於二〇二二年號《史密森尼雜誌》（*Smithsonian Magazine*）的一篇文章宣稱：科學家們在之前從未經過探勘的新英格蘭森林裡發現了一些老樹。同時，在一位熱血的林務官鮑伯・雷夫瑞特（Bob Leverett）持續不懈的努力下，他們對古樹的種種以及古樹對土地的影響有了令人驚訝的發現。該文作者指出，古老的樹木不僅本身自成一個生態體系，也上演著一個永不間斷的生物循環。最重要的是，古樹林支撐了無數的「生物過程」（biological processes，亦即生物相互連結、不斷更新的一個複雜系統）。舉例來說，雷夫瑞特發現老樹在生命晚期所積存的碳量遠比科學家們之前所認為的更多。他的研究清楚顯示：樹木內所含有的碳量，有百分之七十五都是在五十歲之後累積的。因此，我們相信：比起「重新造林」這類措施，保護古老的森林或許更能減輕氣候變遷對地球所造成的衝擊。二〇一七年的一項研究也證實了雷夫瑞特的說法，該研究所得出的結論是：如果全球的森林能夠不受人為的干擾，到二一〇〇年時，森林和樹木所吸收的碳量，將足以抵消全球各國好幾年的化石燃料排放量。因此，人類顯然有責任保護古老的森林，因為它們除了美麗優雅、歷史悠久之外，對地球也有無比的重要性。

二〇二二年初發表於《自然植物》（*Nature Plants*）期刊的一篇文章也探討了老樹對周遭植物群落的影響。該文作者指出：「事實證明，這些罕見的古樹能大幅增加周遭植物群落總體的基因多樣性，因此在提升一座森林的長期適應能力方面，扮演了非常重要的角色。」簡而言之，從遺傳學的角度來看，老樹能夠把它們的經驗傳給下一代，讓後者有可能活得更久。此外，提出該篇論文的科學家們也證實：古老的樹木能為瀕危物種提供棲地和保護，而且就像雷夫瑞特所發現的：它們所吸收的碳量遠多於年輕的樹木。因此，該文作者在文末指出：「一旦這些古老的樹木不在了，我們就會永遠失去它們所含有的基因與特徵，也會失去一個能夠保育生物的獨特棲地。」

古老的樹木除了歷史悠久、具有美感之外，其重要性往往更值得我們注意。古樹提醒我們什麼才是我們應該重視和在意的。如果說我們的生存有很大一部分要仰賴樹木，或許有點太過誇張，但我們必須了解：樹木（尤其是古老的樹木）是地球的生物要永續生存所不可或缺的一部分。試想：如果它們都消失了，我們可能會遭受多大的損失。

可以確定的是，屆時地球必然會出現巨變。

關於古樹的重要性，我想，下回在午後散步途中若是再度遇見那位鄰居時，應該會有很多東西可以和他討論與分享，尤其是當我們站在那座高爾夫球場的第七個球道旁的白橡樹（*Quercus alba*）林附近時。

「我們不僅要了解森林，也要去體驗森林。」這是「原始森林網」（Old-Growth Forest Network，簡稱 OGFN）的創辦人兼暨推手瓊恩·馬露芙（Joan Maloof）所說的話。該網絡是由美國各地可供遊客前往體驗的古老森林所組成，他們的目標是在美國每個擁有本土森林的郡，找到至少一座未經破壞的森林，並標示所在的位置。據他們估計，在全美三千一百四十個郡當中，大約有兩千三百七十個郡擁有這樣的森林。為了達成這個目標，他們致力於找出這類原始林，確保森林受到保護，並告知大眾所在的地點。該組織的終極目標是建立一個森林網絡，並成立一個由關心森林的人士所組成的聯盟。

根據統計，美國密西西比河以西的各州境內，有百分之九十五的原始林已經消失了。至於密西西比河以東的原始林，更是只剩不到百分之一。這是令人驚駭的數字，由此可見，「原始森林網」的目標確實有其必要性。

在二〇二二年地球日之前的一個冷冽的春日午後，我連絡上了馬露芙。當我問她為何想要建立「原始森林網」時，她表示，我們確實有必要讓一般大眾注意到原始森林的存在，因為這些森林除了美麗、具有生物多樣性之外，還能滋養其他許多生物，對我們的氣候也很重要。當我問她該組織所做的努力會造成哪些長期性的影響時，她指出：在鄉下，只要有森林的地方，就很可能會有一座原始林。我們必須確保這些原始林永遠不會被砍伐，而且隨時可供民眾造訪。她並且強調，除此之外，這些原始林也能讓年輕人有機會接觸到一個生機蓬勃的生態系統，讓他們和森林建立連結，如此一來，他們便會願意為後世的子孫保存這些原始林。

馬露芙又說，人類往往想要操控大自然，因此，他們會割除雜草、興建道路、耕種田地並收割作物，但「在森林中，你看到的是大自然希望創造出來的模樣」。

如果你家附近沒有一大片紅木林，沒有兩岸長滿落羽杉的河流，沒有九千歲的顫楊樹，也沒有一座古老的刺果松林，你不妨前往一座原始林，和林中的樹木交流。你只要上 www.oldgrowthforest.net 這個網站，就很容易可以找到你家附近的原始林。截至我撰寫此文時，被「原始森林網」列入名單的原始林已經超過一百七十五座，而且目前正持續增加中。

如眾所周知，目前全球的森林正面臨極大的危機。每天都有大面積的森林因商業利益而遭到砍伐。舉例來說，號稱「地球之肺」的亞馬遜雨林，每天都會損失將近一萬英畝的林木，主要的原因便是違法的砍伐。這不僅使得全球的氣溫進逐步升高，讓許多野生動植物失去棲地，對水循環也造成了負面的影響，並且導致嚴重的土壤侵蝕、洪水氾濫以及大量人口遷徙的現象。

當森林遭到砍伐時，氣候變遷的問題將會變得更加嚴重。如果沒有健全的森林為我們吸收空氣中的碳元素，許多生物的生命週期和存活率都會受到影響。目前全球人口（尤其是伐木業者）所排放的溫室氣體，加上世界各地愈來愈頻繁的山林火災，已經使得空氣中的碳元素急劇增加。誠如我先前所言，全球各地逐漸升高的氣溫，已經導致動植物紛紛遷徙到牠／它們所不熟悉的生態環境中，改變了生活。

森林的砍伐和氣候的變遷，對古老的樹木也造成了影響，它們的生存面臨了威脅，生命力也受到斲傷。然而，我們有能力、也有職責保護所有的樹木，使樹木不致過早死亡。首先，我們可以花點時間定期造訪一座森林，在林中的步道上漫步，並駐足觀賞那些樹木。我們可以抬頭仰望樹冠，觀察周遭的野生動植物，並欣賞那長長的枝條與寬闊的樹幹。我們可以將森林當成我們在演化道路上的夥伴與鄰居，設法去認識它們、感受它們的生命力。同時，我們也要多多和下一代分享這樣的經驗。當你認識了附近的一座森林時，你就為自己打開了一扇門窗，讓你得以認識世上所有的森林。

其次，你可以查查看有哪些機構致力於保護古樹的工作。這些機構——無論是「搶救紅木聯盟」、「潘多之友」、「古老落羽杉聯盟」、「主礦脈土地信託基金會」、「珊波維倫斯基金會」（Sempervirens Fund）抑或其他「古樹團體」——都在招募志工，也需要資金的挹注。同時，他們還有許多文件、手冊、書籍、線上資源或資訊，可供有志保護老樹的人士參考。

第三，你不妨加入那些歷史悠久的環保團體，如「山巒俱樂部」（Sierra Club）、「大自然保護協會」、「國家公園基金會」（National Park Foundation）、「荒野協會」（Wilderness Society）和「國家森林基金會」（National Forest Foundation），或捐款給他們。有許多這類團體都有地區分會，很歡迎新成員（無論是個人或家庭）的加入。他們所做的工作，對各地森林以及林中生物的生存具有關鍵性的影響。

的確，要保育森林，我們還有很多工作要做，幸好我們已經開始往正確的方向邁進，而且相關的機構也已經採取了必要的步驟來保護美國各地的森林與樹木。以「大自然保護協會」為例，他們已經購買了一億兩千五百萬英畝的土地並將它們列為保護區。在過去一百年間，「搶救紅木聯盟」也已經將二十一萬六千英畝的紅木林納入保護區，並協助成立了六十六個紅木公園和保留地。「潘多之友」協會除了致力於公眾教育之外，也贊助多項研究計畫和保育措施，希望使潘多能持續受到保護。

「美國森林協會」則不斷努力讓森林能夠充分發揮在環保及社經方面的效益，讓全民得以共享。如果我們能加入這些團體或贊助他們，就可以幫助他們保護各地的森林。總歸一句話，你我都有充分的理由要保護古樹並保障它們的未來。

我曾經造訪過許多森林，每一次造訪經驗都讓我對關環境與生態有更深入的了解。我透過這種方式學習，也期望從中能有一些新的發現。我發現，親近古樹讓我得以暫時遠離日常生活的種種責任與義務。感覺上，這些古樹林就像一座座聖殿，讓我能夠在其中稍事喘息，並沉思默想。古樹除了具有悠久的歷史之外，也令人喜愛。我們可以從古樹身上學到許多。

行走在這些古老的樹木之間，我感覺我有充分的理由要歌頌古樹，也希望古樹能永遠存在於大地之上。它們是獨一無二、與眾不同的生物。

親愛的讀者，在此我要邀請你們前去造訪那些古樹林，佇立於一棵棵壯觀的樹木間，行走在蜿蜒的步道上，撫摸古樹那飽經風霜的樹幹，並感受人類在面對參天的巨木時內心油然生出的那種驚奇與讚嘆之情。最重要的是，我希望你們能融入它們的世界，與它們合而為一。這時，你們或許就會像我一樣，不由自主的想要歌頌古樹，以保護古樹為己任，並且感覺自己和這些了不起的樹木之間有著深刻的交流。如果你能這麼做，將會學到很多很多。

去吧！那些古樹正在等著你。

附錄

世上最老的樹

本書的內容僅止於討論美國境內的樹種，但在遠方的其他地區也有很古老的樹木，就如以下所列出的這些。不過，其中好幾棵樹的年齡並未經過精確的科學鑑定，只是相沿成習的說法罷了。有許多棵與當地的某些傳說有關，或是某個久遠神話或歷史事件的一部分。但這並無礙於它們的價值，只是彰顯了我們對古樹的好奇與喜愛。

俗名　百馬栗（Castagna dei Cento Cavalli）／歐洲栗

學名　*Castanea sativa*

年齡　據說是兩千至四千歲

地點 **義大利，西西里島，埃特納火山**

這棵樹的義大利文名字的意思是「一百匹馬的栗樹」，是世上已知最大也最老的栗子樹。其名源自文藝復興時期的一則傳說：亞拉岡皇后（Queen of Aragon）和隨行的一百個騎士以及馬匹在遇到一場猛烈的暴風雨時，曾經在這棵樹的枝葉底下遮風避雨。

俗名 **克雷潘榕**（Crespin *Ficus*）／**凹果榕**

學名 *Ficus retusa*

年齡 **據說一千歲左右**

地點 **義大利，米蘭**

這棵高達十呎的榕樹被種在全世界最大的一個盆景盆裡，目前位於「克萊斯皮盆栽博物館」（Crespi Bonsai Museum）中，經常被稱為全世界現存最古老的一棵盆景樹，其枝葉經過精心的修剪，且有著網狀的濃密氣根，外形勻稱而優雅。

俗名　**杜雷之樹**（El Arbol del Tule）／**墨西哥落羽杉**
學名　*Taxodium mucronatum*
年齡　**據說是一千四百三十三至一千六百歲**
地點　**墨西哥，瓦哈卡州，聖瑪麗亞德爾圖勒市**

這棵樹被列為全世界的最老的落羽杉之一，年齡主要是根據增長速度推算出來的。其高度達一百一十六呎，樹圍接近一百三十八呎。當地人將它的生長地視為聖地。

俗名　**武翁紀念橄欖樹**（Elia Vouvon）／**油橄欖、木犀欖**
學名　*Olea europaea*
年齡　**據說為四千多歲**
地點　**希臘，克里特島，安諾・沃韋斯村**（Ano Vouves）

這棵樹位於希臘的克里特島，是世上最老而且至今仍能結果的橄欖樹之一。二

○○九年時，希臘政府將它列為受國家保護的樹木。

俗名 **弗廷格爾紫杉**（Fortingall Yew）／**歐洲紫杉**
學名 *Taxus baccata*
年齡 **據說為兩千至三千歲**
地點 **蘇格蘭，珀斯郡**（Perthshire）

這棵樹位於弗廷格爾村的墓地上，是大不列顛最老的樹木之一。樹幹一度達到五十二呎寬，但如今已經分成幾根較小的莖幹。

俗名 **曾祖父**（Gran Abuelo）／**智利柏**
學名 *Fitzroya cupressoides*
年齡 **三千六百五十一歲**
地點 **智利，阿萊爾塞科斯特羅國家公園**（Alerce Costero National Park）

這棵樹是南美洲安地斯山脈的原生種。有些植物學家認為智利柏是世界上最老的幾種活樹之一，僅次於加州的刺果松。「曾祖父」的歲數是專家們以分析年輪的方式推斷出來的。

俗名 **居梅利紫杉**（Gümeli Porsuğu）／**歐洲紫杉**
學名 *Taxus baccata*
年齡 **約四千一百一十五歲**
地點 **土耳其，宗古爾達克區**（Zonguldak District）

這棵紫杉的年齡雖然只是科學家們所推算的數字，但它必然在銅器時代（西元前三三〇〇至一二〇〇年）就已經萌芽了。當時，人類才開始以金屬製造工具與武器。

俗名 **箒杉**（Houkisugi）／**日本柳杉**

學名 *Cryptomeria japonica*
年齡 **據說為兩千歲**
地點 **日本，神奈川縣**

這株日本柳杉是日本最老也最高的樹之一。它的高度達一百四十八呎，樹圍達三十九呎。

俗名 **侯恩松**（Huon Pine）／**富蘭克林淚柏**
學名 *Lagarostrobos franklinii*
年齡 **一萬零五百歲以上**
地點 **澳洲，塔斯馬尼亞州，雷德山**（Mount Read）

塔司馬尼亞州西部的雷德山有一叢已經超過一萬零五百歲的侯恩松，其中每一棵都是以無性生殖方式繁殖出來，且基因相同的公樹。儘管其中沒有任何一棵樹的年紀達到一萬零五百歲，但由於它們是一個克隆生物體，因此整體年齡確實已經達到一萬零五百歲。

俗名 **闍耶室利摩訶菩提樹**（Jaya Sri Maha Bodhi）／**菩提樹、印度榕樹**
學名 *Ficus religiosa*
年齡 **兩千三百零七歲**
地點 **斯里蘭卡，阿努拉德普勒區**（Anuradhapura），**馬哈梅夫納**（Mahamewna）

根據記載，阿育王的女兒僧伽蜜多將佛陀證悟於其下的那棵聖菩提樹的一根枝幹從印度帶到了斯里蘭卡，因此這棵樹在歷史和宗教上都具有重大的意義。

俗名 **繩文杉**（Jōmon Sugi）／**日本柳杉**
學名 *Cryptomeria japonica*
年齡 **兩千一百七十歲到七千兩百歲之間**
地點 **日本，屋久島**

這棵樹具有一些爭議性，因為各界對於它真正的年齡並未達成一致的看法。不過，它仍被視為世上最老也最大的一棵柳杉。目前所在的地點已經被聯合國教科文組織列入世界遺產名錄。

俗名　**栢野大杉（Kayano Ōsugi）／日本柳杉**
學名　*Cryptomeria japonica*
年齡　**據說為兩千三百歲**
地點　**日本，石川縣**

這棵樹樹圍三十八呎，是日本山中溫泉的居民心目中四棵神聖日本柳杉之一，年齡是在一九二八年推估出來的。

俗名　**國王的洛馬樹（King's *Lomatia*）／塔斯曼尼亞洛瑪樹**
學名　*Lomatia tasmanica*
年齡　**四萬三千六百歲**
地點　**塔斯馬尼亞西南部**

這種樹有些會長得像灌木，有些則像小喬木。現存的這種植物都屬於一個相同的克隆，枝條掉落後會逐漸長出新的根來，成為一株和母株的基因完全相同的新植物。這種樹目前只剩下一個族群，屬於瀕危物種。科學家們檢測它的化石葉子後，發現已經有四萬三千六百歲。

俗名 **大雪松**（Koca Katran）／**黎巴嫩雪松**

學名 *Cedrus libani*

年齡 **據說是兩千多歲**

地點 **土耳其，安塔利亞省**

這棵樹有八十二呎高，樹圍二十七呎寬，是土耳其最高也最老的樹木之一。它的名字是「高大的老雪松」之意。黎巴嫩雪松的香氣很受人們喜愛，在《舊約》當中經常被提及，是財富與權力的象徵。

俗名 **蘭格尼維紫杉**（Llangernyw Yew）／**歐洲紫杉**

學名 *Taxus baccata*

年齡 **據說超過四千歲**

地點 **英國，威爾斯北部，蘭格尼維**

這棵不可思議的紫杉位於威爾斯一座名叫蘭格尼維（Llangernyw）的小村莊內的聖迪根教堂（St. Diegan's Church）的庭園內。二〇〇二年時，為了慶祝英國女王伊莉莎白二世登基五十週年，英國的「樹木理事會」（Tree Council）將它列為全英國五十大樹木之一。

俗名 **老吉克科樹（Old Tjikko）／歐洲雲杉**

學名 *Picea abies*

年齡 **九千五百五十歲**

地點 **瑞典，福盧山脈（Fulufjället Mountains）**

地質學家雷夫・庫爾曼（leif Kullman）在二〇〇二年發現了這棵樹，並用已故的狗兒名字為之命名。這棵樹只有十六呎高，雖然經歷瑞典嚴寒的冬天仍存活至今。它具有一個古老的根系，目前的地上部就像一根主幹圍繞著較矮小的灌叢形態；它在幾千年的歷史中不斷長出新的主幹以取代凋亡的部分。

俗名 **穆尚橄欖樹／油橄欖、木犀欖**
學名 *Olea europaea*
年齡 **三千零二十二至三千三百五十歲**
地點 **葡萄牙中部，莫里斯卡斯地區**（Cascalhos in Mouriscas）

這棵橄欖樹是葡萄牙最老的一棵樹，已經被「自然與森林保育學會」（The Institute of Conservation of Nature and Forests）列為「葡萄牙的紀念碑樹」，也是世上最老而且仍然能夠結果的活橄欖樹之一。

俗名 **潘克猴麵包樹**（Panke Baobab）**／猴麵包樹**
學名 *Adansonia digitate*
年齡 **兩千四百五十歲**
地點 **辛巴威**

這棵非洲猴麵包樹在二〇一一年死亡時，便至少已經有兩千四百五十歲了，是「金氏世界記錄」中有史以來最老的一棵闊葉樹。由於猴麵包樹不會製造可以用交互定年法來測定的木質，因此年齡是以放射性碳定年法來推算的。

俗名 **森林元老**（Patriarca da Floresta）／**卡林玉蕊木**

學名 *Cariniana legalis*

年齡 **據說為三千歲**

地點 **巴西，聖保羅，瓦孫南加國家公園**（Vassununga National Park）

據估計，這棵「森林元老」大約有三千歲，是巴西最老的闊葉樹之一。

俗名 **阿巴庫薩維柏**（Sarv-e Abarqu/ Zoroastrian Sarv）／**地中海柏木**

學名 *Cupressus sempervirens*

年齡 **據說有四千多歲**

地點 **伊朗，亞茲德省**（Yazd Province）

阿巴庫薩維柏是一種柏木，曾經見證歐洲青銅器時代和愛琴海宮殿文明的開始，以及近東地區雙輪戰車的興起。有許多人認為它是亞洲最古老的一棵活樹。

俗名 **甜栗**（Sweet Chestnut）

學名 *Castanea sativa*

年齡 **約一千五百二十二歲**

地點 **葡萄牙北部，里奧米奧**（Leomil）

這棵樹比較矮小，大約有五十尺高，生長於葡萄牙北部。它是一棵甜栗子樹，很可能是在西元五〇〇年左右發芽的。

俗名 **梧桐樹**（Tnjiri）／**法國梧桐**

學名 *Platanus orientalis*

年齡 **據說為兩千零四十一歲**

地點 **亞美尼亞，斯赫托拉申**（Skhtorashen）

這棵樹非常巨大，其高度達一百七十七呎，樹圍有八十八呎，是亞美尼亞最老的樹木之一。靠近根部的樹洞可以容納三十六個人以上。

謝辭

這本書發想於將近十年前，至今才終於得以付梓，成為您此刻手中捧讀的這一冊書。這段期間，我受到了許多人士的影響，他們給了我許多忠告、指引、激勵和洞見，也提供我諸多研究心得。由此可見，一本非虛構作品之所以能夠完成，乃是眾多朋友、同僚、家人乃至素不相識之人提供其創見並耐心捧讀的結果。本書有許多篇章都得益於他們的指教。

首先，我要給我的女兒雷貝嘉（Rebecca）大大的擁抱和許多的感謝。本書封面那幅優美的紅木畫作以及每一章前面的全頁插畫，全都是出自她的手筆。她不僅捕捉了古木的精髓，也展現了無與倫比的繪畫技巧及專業水準。其次，我要感謝我的妻子菲莉絲（Phyllis）。書中每一章當中那些鮮明、生動的古木細部描繪都是她的創作。她以她一貫的豐富想像力與精準的筆法展現了樹木的基本元素。

感謝我的作家好友維琪（Vicky Lynott）和蘇珊娜（Susannah Richards）為本書的

初稿提供編輯方面的建議，她們曾經多次提供我必要的指點。此外，我也要感謝Living Transcrips公司的謄寫員莫妮卡（Monica Harris），她以純熟的技巧將我的每次訪談化為詳實的文件，不僅成果完美無瑕，而且每次都提前交稿。同時，我還要感謝傑克（Jack Sommer）和琳達（Linda Sommer）這一對和我一樣總是浪跡天涯的夫婦，他們對我的寫書計畫總是不吝鼓勵與支持。他們是最棒的啦啦隊。

感謝許多科學家、研究人員、植物學家和博物學家透過Zoom訪談、現場對話、電子郵件、電話討論、簡訊以及數不清的實體和遠距接觸等方式，慷慨付出了他們的時間與才能。他們不僅讓我對生物學有了更進一步的認識，也為我打開了一扇門，讓我獲得了不少可以和讀者分享的知識。希望這本書不會辜負他們對古樹的付出與努力。

亞歷桑納大學的楚埃特教授值得我起立喝采，她不僅對樹齡學貢獻良多，在我寫書的過程也對我支持有加。她以充滿熱情與智慧的話語為我釐清了樹齡學重要的程序，讓我深刻體會到這門學問的價值與迷人之處。「搶救紅木聯盟」的保羅讓我對紅木有了更進一步的認識，也了解到我們為何必持續而堅定的推定紅木保育工作。「瑪哈奈姆探險公司」的哈提是我們的黑河之旅的倒數第二位嚮導，他不僅具有豐富的生態知識、絕佳的幽默感，對各項歷史掌故也瞭如指掌，使那次探訪落羽杉之旅成為我畢生難忘的經驗。阿肯色大學的大衛在科羅拉多度假時，特地撥出了寶貴的時間和我談論落羽杉的重要性，以及它們為何能夠禁得起諸般威脅與騷擾。「潘多之友」的奧迪特是一位十足的紳士，他透過許多次Zoom視訊和電話訪談，熱切地和我分享了他對潘多的喜愛，在他嫻熟的帶領下，我得以漫步於潘多的枝條間，享受了一套愉悅的旅程，也領會了大自然的諸多奧祕。此外，我也要向英國新堡大學的里查（Richard Walton）致敬，因為經他指點，我才找到了奧迪特和「潘多之友」這個令人讚嘆的組織。「紅杉國家公園」的屠威德（已退休）向我詳細說明了幾棵紅杉的經歷以及它們如何堅忍不拔、奮力求生的故事，也提出了一些深刻的見解，讓我見識到那些紅杉巨木的神奇之處。「活橡樹協會」的柯琳儘管本身剛剛遭逢颶風的災害，仍親切地為我提供有關活橡樹的資訊。路易斯安納州立大學的克莉絲汀特地撥出時間帶著她的貓和我分享了上個世紀科學界最令人震驚的發現之一，改變了我們對生物史以及氣候變遷的影響的看法。同樣的，我也很感謝「原始森林網」的瓊恩，不僅是因為她對老樹的豐富知識，也是因為她為保存老樹所做的努力。

此外，我還要大大感謝過去幾年來我在風塵僕僕地尋訪老樹的漫長旅程中、在禮品店、遊客中心以及森林中所遇到的許多人士。我雖然不知道你們的姓名，但非常感謝你們對這些神奇老樹所懷抱的熱情。在欣賞那些古樹時，你們的評論、意見和有趣的言談給了我許多啟發，也讓我有了持續下去的動力。

和史密森尼出版（Smithsonian Books）的工作人員共事，不僅是我在工作上的一大幸事，也是一次不可思議的文學經驗。為了製作高水準的書籍並追求科學上的準確性，他們所表現出的認真與努力充分展現在每一個出版環節中。他們是最棒的夥伴和同事。Carolyn Gleason 主任針對本書的初稿提供了許多寶貴的意見和建議，確保本書能夠反映出「史密森尼學會」（Smithsonian Institute）的最高標準。本書主編海梅（Jaime Schwender）那「五星級」的編輯技巧以及她的好脾氣、彬彬有禮的評論和安排時間的絕佳能力可說無人能出其右；她對本書所造成的正面影響以及她的敬業態度同樣無與倫比。此外，我也非常感謝編輯 Julie Huggins 為我做的所有工作。身為宣傳專家的麥特（Matt Litts）和莎拉（Sarah Fannon）讓這本書受到了眾多讀者的注意與賞識，感謝兩位。編輯格雷戈里（Gregory McNamee）以他敏銳的洞察力提供了許多指點，使得我的文稿有了連貫性，也更加有力；他在學理方面所做的評論，在文學方面給我的建議，以及在實際事物上予我的協助，都讓本書的重點更加清晰、目標也更加清楚；他的忠告不僅提升了本書的品質，也大大促進了一般民眾對古樹的欣賞與理解。

最後，我要感謝你，親愛的讀者。你們為了了解老樹所做的努力值得讚賞。希望你們在看了這本書之後，能夠運用你們所得到的知識確保那些古樹得以繼續存活並受到保護。早在我們的祖先離開東非大裂谷，散居世界各地之前，樹木就已經是我們在地球上的夥伴。因此，樹木是我們生活中極其重要的一部分，反之亦然。我相信，在了解這點之後，我們就會願意努力讓後世子孫關注並喜愛樹木並確保它們能繼續存活。

感謝你們的陪伴。

CIRCLE 3

那些活了很久很久的樹

從種子到古樹，探索自然界長壽之謎的朝聖之旅

In Search of the Old Ones: An Odyssey among Ancient Trees

作　　者　安東尼・弗瑞德里克（Anthony D. Fredericks）
譯　　者　蕭寶森
審　　訂　林哲緯
責任編輯　何韋毅
內文排版　葉若蒂
封面設計　莊謹銘
副總編輯　何韋毅

出　　版　行路／遠足文化事業股份有限公司
發　　行　遠足文化事業股份有限公司（讀書共和國出版集團）
地址：231 新北市新店區民權路 108 之 2 號 9 樓
電話：02-2218-1417；客服專線：0800-221-029
郵政劃撥帳號：19504465 遠足文化事業股份有限公司
客服信箱：service@bookrep.com.tw

法律顧問　華洋法律事務所／蘇文生律師
印　　製　呈靖采藝
出版日期　2025 年 1 月／初版一刷
定　　價　450 元
I S B N　978-626-7244-69-2（紙本）
978-626-7244-68-5（EPUB）
978-626-7244-67-8（PDF）
書　　號　3OCI0003

著作權所有・侵害必究　All rights reserved
特別聲明：有關本書中的言論內容，不代表本公司／出版集團之立場與意見，文責由作者自行承擔。

In Search of the Old Ones: An Odyssey among Ancient Trees by Anthony D. Fredericks
Copyright © Anthony D. Fredericks 2023
Originally published by Smithsonian Books, Washington, DC, United States of America.
This edition arranged with SUSAN SCHULMAN LITERARY AGENCY, LLC through BIG APPLE AGENCY, INC. LABUAN, MALAYSIA.
Traditional Chinese edition copyright: 2025 Walkers Cultural Enterprise Ltd.
All rights reserved.

國家圖書館出版品預行編目資料

那些活了很久很久的樹：從種子到古樹，探索自然界長壽之謎的朝聖之旅／安東尼・弗瑞德里克（Anthony D. Fredericks）著；蕭寶森譯 .-- 初版 .-- 新北市：行路，遠足文化事業股份有限公司，2025.1
304 面；14.8×21 公分
譯自：In search of the old ones: an odyssey among ancient trees.
ISBN：978-626-7244-69-2（平裝）
1.CST: 樹木
436.1111　　113013168